MAGA 2.0

對世界指明方向

楊衛隆

MAGA 2.0 對世界指明方向

作　　者：楊衛隆

出　　版：香港財經移動出版有限公司

地　　址： 香港柴灣豐業街 12 號啟力工業中心 A 座 19 樓 9 室

電　　話：（八五二）三六二零 三一一六

發　　行：一代匯集

地　　址：香港九龍大角咀塘尾道 64 號龍駒企業大廈 10 字樓 B 及 D 室

電　　話：（八五二）二七八三 八一零二

印　　刷：美雅印刷製本有限公司

初　　版：二零二四年十二月

如有破損或裝訂錯誤，請寄回本社更換。

PRINTED IN HONG KONG

ISBN：978-988-76533-7-0

目錄

前言

第一章 當勞侵的政治死結
1.1 拜登丟下的爛攤子 6
1.2 非法移民 7
1.3 財赤和國債 15
1.4 美國政府官僚主義 20
1.5 核戰危機 22
1.6 種族不平等 25
1.7 醫療危機 28
1.8 大愛左膠 30

第二章 中美角力
2.1 關稅 34
2.2 美元結算系統 39
2.3 通脹 41
2.4 看不通形勢 43
2.5 反美集團 48
2.6 打落水狗 49

第三章 當勞侵的深仇大恨
3.1 伊朗 54
3.2 香港 57
3.3 俄羅斯 59
3,4 民主黨 61

第四章 經濟死門
4.1 虛幣熱潮 69
4.2 投資市場反應異常 71
4.3 高科技產生裁員失業 72
4.4 美國中產大災難 77
4.5 環境大災難 77
4.6 反共情緒高漲 79

第五章 當勞侵的打擊對象
5.1 滙豐銀行 83
5.2 中國製電動車 86
5.3 香港特區政府 89
5.4 聯大決議和台灣協防 92
5.5 金磚五國 95
5.6 中東國家 97
5.7 人工智能 104
5.8 太空科技 107
5.9 電子付款系統 110

第六章 天災人禍
6.1 氣候大災難 113
6.2 禽流感 117

第七章 天災人禍
7.1 當勞侵懂得打咀炮 118
7.2 翻舊賬 120
7.3 惡煞作風 121

第八章 陰謀論
8.1 人工智能政府 124
8.2 AI 如何取代政府 125
8.3 世界新秩序 128
8.4 核戰危機 131
8.5 美國經濟雄霸全球 134
8.6 全球升溫帶來世界新秩序 136
8.7 人口結構轉變 138
8.8 網絡戰爭 140
8.8 反美集團內部分裂 142

第九章 大選後新時代
9.1 美國大選的民主黨內鬥 144
9.2 種族衝突 146
9.3 美國教育差劣 148

前言

有朋友問我，當勞侵在任時被國會成功彈劾兩次，為何他沒有倒台？總統被彈劾不是應該下台嗎？又有朋友問，當勞侵曾經被彈劾又被法庭定罪，是個罪犯，是個被彈劾總統，為何他可以再次競選，再次擔任總統？

這些問題，我不知道應該怎樣回答。關於當勞侵勝選我亦有些疑問，包括黑人奧巴馬為黑人候選人賀錦麗站台，為何賀錦麗連黑人選區也敗選？

以浪抹屎為當勞侵站台，這次大選的得票數據通過以浪抹屎的星鏈系統傳遞。這樣做，數據會不會有點不可靠？

2024 年大選可以說是當勞侵鹹魚翻生傑作。官司纏身的當勞侵在勝選後，甩掉全部聯邦刑事控罪案件。2024 年 11 月 26 日，美國特別法律顧問積史密夫 Jack Smith 的建議下，法院撤消對當勞侵的刑事罪指控，包括顛覆選舉和錯誤處理機密資料等案件。要不是他當選總統，可能去聯邦監獄住一段很長時間。

他還未上任，哈馬斯被打至全軍覆沒，名存實亡。以色列和真主黨達成停火協議。加沙和黎巴嫩應該有一段平靜日子。古語説得好，人善被人欺，馬善被人騎，當勞侵的強硬態度令好戰的真主黨突然轉性，渴望和平同意停火。伊朗見到當勞侵快要當美國總統，不敢輕舉妄動。以前，拜燈派兩個航空母艦戰鬥群到地中海，連 B2 轟炸機也出動，伊朗毫不畏懼。當勞侵當選前，伊朗瘋狂叫囂。他當選後，未動一兵一卒，伊朗便龜縮發抖。這個世界十分現實，惡人才有資格爭取和平。當勞侵還未上任，仍然是候任總統已經向中國加徵關稅，搞定了以色列和真主黨停火。事情進行得太順利，順利到好像早有劇本，有導演和舞台。顯然，美國政治舞台不是舞台就是戲棚。

拜登一直被人認為是老至無法辨認自己老婆，站也站不穩，說話不靈的痴呆老人，上任 3 個月之內會病死或者病至無法擔任總統。賀錦麗將會接任美國總統。可是，拜登的 4 年任期將完，他仍然活著，仍然擔任總統，而且當今經濟、政治和軍事大局都是他一手造成。

民主黨陣前易帥，第一次總統候選人辯論之後，突然將拜登換下來，由賀錦麗競選總統。賀錦麗的競選拍檔是和中國緊密關係的華茲。中國搞去美元化和台海南海危機，形象極度惡劣的時候，找個親中副手出來，為當勞侵助選嗎？看來，這場大選早有安排。

拜登擔任總統的 4 年時間爆發兩場沒完沒了的戰爭，拖垮了俄羅斯和伊朗，美國經濟也元氣大傷。美國的 36 萬億美元國債和大量非法移民等等問題，確實是政治死結。民主黨應該不是敗選而是將拜登丟下來的爛攤子交給當勞侵，讓共和黨吃下拜登死貓，給民主黨 4 年後東山再起的機會。

共和黨，其實是茶黨，也有自己的盤算。這 4 年絕對權力可以做很多事情。做完要做的事情，將更爛的爛攤子丟給民主黨。民主黨無法收拾殘局，茶黨可以在 8 年之後，東山再起。美國政治就是這樣，將爛攤子丟來丟去，越丟越爛。

這本書以美國人角度分析美國政治，看當勞侵再次擔任美國總統對美國、世界大局、中國和香港的影響，讓讀者知道當勞侵上台之後，美國以至世界會發生甚麼事情。

楊衛隆

2024 年 11 月 26 日，美國加州新尼威爾市

第一章

當勞侵的政治死結

1.1 拜登丟下的爛攤子

當勞侵擔任美國第 45 任總統時，俄羅斯、加沙巴人、中國、北韓和伊朗沒有發動戰爭或者衝突。那是因為當勞侵被視為強硬派。第 46 任總統拜登被視為軟弱派，俄羅斯侵略烏克蘭，哈馬斯發動大屠殺，以色列死了千多人，中國在南中國海跟菲律賓打了幾次「軟戰爭」，北韓不停發出核威脅，伊朗發展核武及聲言消滅美國和以色列。反美陣營在熱愛和平的民主黨總統拜登執政時期表現得特別暴力激進。

當勞侵在 2024 年大選中大獲全勝，成為第 47 任總統，共和黨取得白宮和參眾兩院。當勞侵取得大權的原因是拜登的表現令美國人失望，世界大亂，戰爭不息還有高通脹，資產泡沫、大量非法移民。美國選民最不滿拜登的表現是非法移民和經濟差劣。非法移民的開支吸乾了很多民主黨控制的城市，聯邦政府和移民法庭無法承擔大量非法移民工作。經濟方面，傳媒報導和評論員都説美國通脹回落，聯儲局擊敗通脹，美國經濟軟著陸 ...... 事實和宣傳截然不同。通脹率確實回落，但是，拜登任內的高通脹仍然存在。美國人無法負擔高物價和租金，中產的日子很難過。

當勞侵接了拜登丟下的爛攤子，俄烏戰爭打了 1,000 日，以哈戰爭打了 1 年。以色列以 1 敵 7，大獲全勝，加沙被炸成焦土，黎巴嫩淪為廢墟。俄羅斯在烏戰中傷亡 70 萬人。打剩核武的俄羅斯布丁改變使用核武規條，以核戰威脅歐美。北韓也發出核戰威脅。以色列必定消滅伊朗核武設施，核戰幾乎無可避免。2024 年是人類歷史上最接近全面核戰的時刻。

當勞侵面對外憂內患，國內有非法移民和國債失控兩大政治死結，又踫上疫情連環爆及氣候轉變。執筆的時候，我居住的北加州出現 5 宗禽流感，1 宗從非洲傳入的極為危險變種猴痘，另外還有百日咳等傳染病。氣候轉變更加不是開玩笑，稱為炸彈氣旋的罕有現象襲擊美國西岸，我居住的地方狂風暴雨，5 號州際公路冰封。美國樓價和租金太高，露宿問題越來越嚴重，去到民不聊生程度。紐約市有 6 萬露宿人口，三藩市有 8,000 人。美國人窮至美國政府將低金額盜竊「非刑事化」。國外問題包括俄烏戰爭，以哈 / 以真和以伊戰爭，金磚五國聯合幾個國家搞去美元化，沙地不再只用美元作為石油交易貨幣等等。

1.2 非法移民

美國移民政策受到選民影響。民主共和兩黨的選民結構不同令到美國移民政策經常改變。民主黨的選民主要是黑人、南美拉丁裔、少數族裔、女性和新移民。因此，民主黨將排除種族及性別歧視放在工作首位，兩位美國女總統候選人和兩位黑人血統總統候選人都是民主黨人。另外，民主黨保護非法移民做到完全失去理性。例如被捕的人是非法移民，就前門抓進警署，後門放人。有位多次醉酒駕駛的非法移民，沒有被起訴，前門入，後門出。要是美國公民醉酒駕駛，後果非常嚴重。最後，他是醉酒駕駛出了死亡意外。

2023 年，美國聯邦政府為非法移民的醫療教育等福利花了 660 億美元，為露宿的退伍軍人只是花了 30 億美元。由此可見，美國重視非法移民福利多過美國公民福利。美國的庇護城市紐約為非法移民提供免費星級酒店住宿，醫療飲食全部免費。4 人家庭非法移民每星期可以拿到 350 美元現金（這個派錢給非法移民計劃因為資金用盡，2024 年 11 月 22 日停止）。他們破壞酒店房間，無論損失多少，都由政府支付。他們將不合口味的食物隨街扔掉，反正不用付錢買，要多少就有多少。街上露宿的美國公民卻得不到任何政府援助。2024 年 11 月底，紐約實在無法供養大量非法移民，將原由德州送進紐約的非法移民用巴士送回德州。

2024 年 11 月，芝加哥市議會無需辯論即時一致否決市長巴蘭東莊臣 Brandon Johnson 提出增加 3 億美元物業稅支付非法移民花費。美國納稅人真的受夠了，單是芝加哥這個城市 2024 年為非法移民福利花了 4 億美元。長貧難顧，市長不停向納稅人要錢，供養非法移民，即使大愛左膠總有一天會反對付錢。

左膠政客鍾情為非法移民花錢，其中一個原因是貪污。美國政壇貪污十分困難，特別是給美國公民福利，一分一毫花費有記錄，有拿福利者的身份。為非法移民花錢，錢去了哪裡卻是天曉得。因為收錢的人沒有美國的身份證，不知道誰人收了錢。這個貪污漏洞搞出糊塗賬。芝加哥花的 4 億美元，只要有 1 成去了政客口袋就是貪了 4,000 萬美元。

在加州，非法移民也可以拿到標準加州身份證，可以在加州非法工作和合法繳稅。加州的肉類加工廠和農場工人之中，大部份是非法移民。美國不是沒有人失業，為何將工作職位讓給非法入境及非法居留的人？左膠說這是自由民主法治，人道仁慈，我說這是白痴無知。

大量非法移民趁著當勞侵還未上任，湧入庇護城市紐約，以為去到紐約就不會被遣返。可是，法律上，保護非法移民不被遣返的庇護城市不存在。移民法是聯邦法。只有聯邦政府才能發出綠咭和護照，確認某一個人是美國居民或者公民。州政府的權力只限於發出州政府的身份證，因此，加州發身份證給非法移民及讓這個人在加州居住。聯邦政府的移民及海關執法部 ICE 可以在加州任何地方拘捕持有加州身份證的非法移民及將他遞解出境。庇護城市極其量只是不與 ICE 合作，即是不向 ICE 提供非法移民資料。有些民主黨州份聲明州警不會幫助 ICE 遣返「無證工人」。從法律角度看，ICE 抓捕及遣返非法移民不必州警協助。州警不協助 ICE 只會增加 ICE 的工作量而已。這是為什麼當勞侵計劃在上任第一日宣佈緊急狀態，動員國民警衛軍抓捕及遣返非法移民。州警躺平，讓國民警衛軍去幹吧。

我認識一位持綠咭很長時間的唐人街大叔。他不是非法移民，早年因為犯事，法庭發出遣返令。加州沒有執行遣返令，讓他長期非法居留。當勞侵當選，他害怕被遣返，找相熟律師幫助。律師叫他逆來順受，被遣返的話，回去中國大陸好了。他問我有甚麼建議。我説沒有資格給任何人法律意見，只跟他說，有遣返令在身的人會是第一批被送走的非法移民。ICE 可以輕易地找到他的身份和遣返令資料，將他拘捕及遞解出境。律師説得對，不要再搞下去。東躲西藏只會自找麻煩及受到更多痛苦。這位大叔聽唐人街的人説，去到庇護城市紐約就不會被遣返，他去了紐約避險。非法移民湧到紐約集中起來，替 ICE 節省很多遣返非法移民工作。

共和黨選民主要是白人男性。因此，白人為主的中部地區強烈支持共和黨，以有色人種為主的沿海地區支持民主黨。美國白人男性愛槍，共和黨支持美國人擁有槍械。共和黨反墮胎和反同性戀，主張驅逐非法移民，都是來自共和黨選民意願。鄰近美墨邊界的共和黨德州和亞里桑那州長期受到非法移民問題困擾，遠離美墨邊界的民主黨加州卻支持非法移民入境，吸引大量非法移民走進共和黨州份。民主黨給共和黨丟個非法移民大包袱。於是共和黨將非法移民丟回給民主黨。2022 年 4 月開始，亞利桑那州與德州將 50 多名非法移民用巴士送到華盛頓。紐約市長譴責德州州長處理移民問題不人道。8 月開始，德州將數千名非法移民送到紐約。你支持非法移民，我將非法移民送給你去供養吧。最初，紐約市政府給非法移民入住星級酒店，很快無法負擔巨額費用，收容設施超負荷。民主黨人不客氣，控告 17 家巴士公司非法運送移民，要求賠償 7 億美元。

當勞侵的競選承諾之一是解決非法移民問題。美國有 1,200 萬非法移民，另外有相同數目的有問題移民。過去幾十年，美國沒有切實執行移民法，讓非法移民變成非法居民。有些應該被遞解出境的合法移民仍然留在美國。美國移民法庭最喜歡搞 Administrative Closure 行政結案，讓應該被遣返的移民無限期在美國居留。行政結案的意思是，法官知道判案就會將非法移民遣返，於是將案件無限期擱置。行政結案數目超過 30 萬宗。另外還有 200 萬宗未了結的政治庇護申請。因為積壓的案件太多，由申請庇護至開庭，排期長達 7 年。

信不信由你，非法移民可以合法在加州工作和居住，拿身份證和駕駛執照，被稱為無證工人 undocumented workers。由於有工作又在美國很長時間，很多非法移民在美國置業安居。200 萬美國非法移民擁有自置物業及繳交物業稅。

加州沒有法律禁止非法移民工作，聯邦政府也沒有法律說非法移民工作是「罪行」。非法移民在美國工作是犯法，可能因此被遣返，但是，不算罪行。加州政府不拘捕非法移民。移民及海關執法局 ICE 在加州拘捕非法移民不是因為他們「非法工作」，而是因為他們「非法居留」。

美國的非法移民早就融入社會，很多非法移民家庭有美國出生的子女，送走他們有很大困難。即使不顧一切將他們全部送走，當勞侵 4 年任期，每年要送走 300 萬非法移民，費用超過 1,000 億美元。即使有 4,000 億美元撥款，美國移民法庭也無法承擔大量移民官司。不要以為當勞侵動用軍隊就可以完成任務。驅逐非法移民的手續極為複雜繁瑣，不是抓人然後送走那麼簡單。最頭痛問題是民主黨州長市長聲明會建立移民庇護城市，阻止驅逐非法移民。

內部困難重重，外部困難就更多。很多國家拒絕接收已經在美國一段很長時間的非法移民。以香港為例，離港 3 年就會喪失香港居民身份。要是美國抓到一批在美國非法居留 3 年以上的香港人，應該將他們送到哪裡去？ 香港肯定不會接收這些在香港沒有居留權的人。很多國家有相同情況，離開太長時間就拒絕接收。沒有國家接收的非法移民無法遣返。

有些非法移民無法證實自己的身份或者不想證實自己的身份。有些非法移民根本上沒有國籍或者有精神病，美國政府不知道應該將他們遞解到哪裡去。

美國的左膠堅決地要無限量吸納非法移民，為非法移民提供醫療、教育、住屋和糧食，美國公民反而被忽略，街上的露宿者大都是美國公民。

二十多年前，我剛移民美國的時候，加州的唐人餐館基本上全部僱用非法移民，被稱為沒有身份的工人，工資只有美國公民一半而且沒有福利。有些餐館的老闆本身也有「身份問題」。唐人街飯局的話題總是離不開移民問題。相信，我是罕有的「真正」合法移民例子。甚麼假結婚（22 年前開價 50 萬港元），假難民，假身份 .... 唐人街的把戲最多就是移民騙局。有些律師甚至替非法移民搞假結婚，虛假被虐待和假政治庇護。如果真的要將所有有問題的移民驅逐離開美國，唐人街應該變成鬼城。

當勞侵要驅逐非法移民，其中一個目標是來自中國的非法移民。當勞侵競選時誓言若果當選會驅逐所有非法移民。驅逐非法移民的最重要工作是盡快抓捕來自中國的役齡單身男性。

單是 2024 年，8 萬名中國人非法進入美國居留。他懷疑這些人到美國來做中共間諜和搞破壞。當勞侵不是亂說，他確實會這樣做，而且在上任第一天宣佈緊急狀態派國民警衛軍抓捕及驅逐非法移民，特別是來自中國的非法移民。共和黨的亞里桑那州和德州州長表示支持。若果真的抓到中共間諜或者解放軍，中美關係會急速惡化，當勞侵有理由向中共使出殺手鐧，即是增加關税。

財政上，美國需要盡快處理非法移民問題。2018 年，美國為非法移民花掉 2,500 億美元。單是加州就為了非法移民花了 218 億美元。美國實在無法承擔這麼大的非法移民開支。

説到巴人和非法移民，民主黨左膠立即瘋狂起來，甚麼事情都做得出。他們揚言阻止當勞侵拘捕非法移民，甚至不惜爆發暴力衝突。候任邊境沙皇湯荷曼 Tom Homan 説，聯邦政府有權拘捕非法移民。州政府和市政府可以不合作，但是不能阻止聯邦政府拘捕非法移民。阻止的話，會有嚴重後果。當勞侵計劃出動國民警衛軍拘捕和遣返非法移民，其中一個原因是用軍人鎮壓衝突。即使左膠不阻止拘捕，當勞侵也面對重重困難。紐約市的羅斯福酒店收留大量無人照顧的非法移民嬰兒和幼童。請問，如何將他們遣返？

當勞侵於 2016 年競選時承諾遞返所有非法移民。2017 年至 2020 年，他擔任第 45 任總統的時候，只驅逐了 200 萬人，遠遠沒有達到他承諾的驅逐 1,100 萬人。相比之下，奥巴馬第一任期，2009 年至 2012 年，他遣返 320 萬人。當勞侵第一任時候無法遣返所有非法移民，第二任也應該不行。上次他無法建立完整邊境圍牆，今次成功機會也不大。這次，當勞侵學乖了，吸收了上次的教訓，不再要求墨西哥和加拿大阻止非法移民進入美國。當勞侵還未上台就說要徵收加拿大和墨西哥 25% 關稅，直至他們阻止非法移民和毒品進入美國。關稅還未實施，墨西哥阻止數以十萬計非法移民湧到美墨邊境，美國沒有跪求墨西哥也沒有付出一分一毫。看來，非法移民關稅這一招管用。如果當勞侵解開美國非法移民這個死結，他肯定名留青史。

2024 年 11 月 27 日，當勞侵宣布與墨西哥女總統克勞迪婭·辛鮑姆 Claudia Sheinbaum 達成協議，稱墨西哥將在邊境上阻止非法移民進入美國。此舉是在當勞侵威脅對墨西哥徵收 25% 關稅的背景下發生的，該關稅旨在迫使墨西哥採取措施控制非法移民和毒品流入美國 12。辛鮑姆對當勞侵的聲明表示異議，她強調墨西哥並未同意關閉邊境，而是致力於通過合作來解決問題。她在社交媒體上表示，墨西哥的立場是建設橋樑而非築牆 6。這一分歧反映了兩國在如何應對邊境挑戰上的不同視角，尤其是在面對當勞侵的關稅威脅時。

2024 年 11 月 28 日，墨西哥政府對位於首都的「墨西哥市場」進行了突擊檢查。該市場以販售亞洲仿冒品著稱，被稱為「墨西哥版義烏城」。此次行動中，200 名警察和海軍陸戰隊員檢查了超過 26.2 萬件問題貨品，其中包括大量知名品牌的仿製品。這次行動被認為是應對美國關稅威脅的一部分，以展示墨西哥在打擊非法貿易方面的努力。

除了關稅威脅外，當勞侵還計劃實施更嚴格的移民政策，包括恢復「留在墨西哥」政策，這要求尋求庇護者在美國移民程序期間留在墨西哥。他還計劃擴大拘留設施，以便進行大規模驅逐行動。此外，當勞侵承諾增加邊境巡邏人員數量，加強邊境安全。這些政策反映了當勞侵將移民視為國家安全威脅的立場，他試圖通過加強邊境控制來減少非法移民和毒品流入。然而，這些措施也引發了人權組織和移民權益倡導者的批評，他們認為這些政策可能會加劇社會緊張局勢，並損害移民社區。

美國綠咭是個笑話。驅逐持有綠咭的合法移民容易過驅逐沒有綠咭的非法移民。綠咭的正確名稱是永久居民咭，持有綠咭的人卻沒有永久居留權。一般綠咭每 10 年更新一次，過期不更新就會失去在美國合法居留的移民身份。有些罪行，包括詐騙、嫖妓、暴力和藏毒，綠咭將會無法更新。有位持有美國綠咭中國公民在美國和中國做很大生意，由於中國公民才能擔任某些中國公司職位，他在加州居住十多年，沒有申請入籍。某日，他因為輕微交通違例被警察截停，發現他的駕駛執照過期。無照駕車是取消綠咭的「罪行」之一。他被拘捕及遣返中國。笑話是，非法移民因為嫖妓或者無證駕車被捕，即捕即放。合法移民被取消綠咭及遣返。想在美國永久居留的話，一定要入籍。

1.3 財赤和國債

當勞侵競選時誇下海口解決美債危機。2024，美國財政預算赤字 2 萬億美元，國債突破 36 萬億美元，每年國債利息開支超過萬億美元，高過國防預算。每個美國納稅人承擔的國債金額超過 27 萬美元。很多美國納稅人連 2,700 美元也拿不出來，

27 萬欠款肯定是收不回來又撇不掉的壞賬。這樣的國債爛攤子如何收拾？看過我寫的大國衰落的讀者一定知道，美國財赤和國債不停上升是結構性，無法改變。無論美國總統如何了不起，美債危機只會不停惡化，最終令美國破產。

在 2024 年的競選活動中，當勞侵提出了一系列減稅和增加福利的承諾，以吸引選民並應對經濟挑戰。他計劃延長《2017 年減稅和就業法案》中個人所得稅和遺產稅的減免，這些政策原定於 2025 年底到期。此外，他希望取消州和地方稅扣除的上限，以減輕納稅人的負擔。

當勞侵還承諾降低企業稅率，將其從 21% 降至 15%，特別是針對在美國生產產品的公司。他提議取消對小費、加班工資和社會保障福利的聯邦稅收，以幫助服務業工人和老年人。此外，他計劃使汽車貸款利息完全可抵扣稅款，並考慮完全取消聯邦所得稅，以進一步減輕個人和家庭的財務壓力。

在增加福利方面，當勞侵保證不會削減社會保障福利或提高退休年齡，以維持該計劃的穩定性。他還提議對家庭護理者提供稅收抵免，並考慮對警察、消防員、退伍軍人和現役軍人免除聯邦所得稅。這些承諾志在爭取美國的工薪階層和退伍軍人群體的支持。

儘管這些政策的目的是在減輕美國人的財務負擔，但是在國債快速增長的背景下，能否實行，是很大挑戰。這些政策需要國會的批准，而共和黨控制的國會能否完全實現這些計劃仍有待觀察。當勞侵承諾大幅減稅，包括取消對小費、加班工資和社會保障福利的稅收，同時降低企業稅率。然而，這些減稅措施將導致政府收入大幅下降。為了彌補這一缺口，當勞侵計劃通過提高關稅來增加收入，但專家指出，關稅的增加可能會導致消費品價格上漲，從而抵消減稅帶來的好處。

其次，當勞侵承諾不削減社會保障和醫療保險等福利計劃，而這些計劃需要大量資金支持。如果他不削減這些福利，同時又實施大規模減稅，將會進一步加劇財政赤字和國債問題。根據負責任聯邦預算委員會的估算，這些政策可能在未來十年內使聯邦預算赤字增加近 8 萬億美元。

當勞侵面臨著來自不同選民群體的壓力。他的支持者既包括要求減少政府開支的財政保守派，也包括依賴政府福利的工薪階層。如果他選擇削減福利以控制赤字，將面臨工薪階層的強烈反對；如果不削減福利而繼續減稅，則會遭到財政保守派的不滿。

當勞侵解決美債危機方法是成立新的政府效率部由踢死乸和太空 X 的以浪抹屎掛帥，説每年可以節省 2 萬億美元。我可以肯定地説，如果能夠節省 2 美元已經很好。美國政府不是省油的燈也不可能省油，只會越燒越多油。

為何美國政府效率低過其他國家？ 因為美國國會每次開會都會成立一大堆法律。以美國税法為例，它應該是全世界最複雜税法，單是成文法律和規例就有 400 萬字（2012 年統計數據），總共 9,000 頁。除非專門報税的人，否則，根本上看不懂美國的報税表，自己報税幾乎一定踫釘子。美國税法複雜的原因是美國利用税法控制社會和商業活動，税法本身不是徵税那麼單純。美國就是這麼複雜的國家，税法用來控制社會及商業活動，分配財富和福利。美國移民法也不是移民那麼簡單，還要吸納人才、資金、技術和拓展市場，阻止敵對國家滲透……總之，美國法律不停添磚加瓦令到美國經濟無法順暢地運行。以稅法為例，報稅的人被稅法纏繞，勞民傷財，美國稅局也因為稅法複雜多變而超支及效率極低——如果有的話。

美國的法律和稅收體系在某些方面阻礙了經濟發展，尤其是在住房建設方面。加州的房價極高，但可供建造住房的土地卻很多。然而，由於法律過於複雜，稅收負擔沉重，開發商在興建住宅小區時往往需要耗費多年時間。這種情況在加州尤為明顯，當地的住房法律和稅收制度使得新建住房的進程緩慢且成本高昂。

加州的法律要求開發商遵循繁瑣的許可程序和環境審核，這些程序往往需要數年才能完成。此外，地方政府的各種建築規範、分區法規和歷史保護委員會的審查也使得開發項目進一步延誤。這些法律原本的目的是保護環境和維護社區特色，但其複雜性和冗長的流程卻對經濟增長產生了負面影響。

加州的稅收體系也對住房建設形成了障礙。由於財產稅分配不均，一些城市在新建住房時面臨財政損失，因為新增居民會增加城市服務的成本，而商業用地轉為住宅用地可能導致銷售稅收入下降。這樣的財政壓力使得許多城市不願意積極推動新住房項目。試問以浪抹屎如何能夠解決美國法律層層疊疊的死結？

美國的政治和法律體系常被指為導致政府效率低下和國債無法減少的原因。選民普遍要求更多的福利和減稅，使得政客在選舉中面臨巨大壓力，必須迎合這些需求以獲得選票。結果是，增加財政赤字和國債似乎成為政客的首要任務。

由於美國兩黨在稅收政策上存在分歧，稅收改革往往難以達成共識。共和黨通常主張減稅以刺激經濟增長，而民主黨則傾向於增加稅收以支持社會福利項目。然而，這種政策上的拉鋸戰往往導致企業稅負下降，而個人稅負上升。例如，當勞侵政府的減稅政策主要惠及富人和大企業，導致聯邦赤字激增。

此外，美國的立法過程複雜且冗長，尤其是在兩院由不同政黨掌控時，政策推行更是困難重重。即便在共和黨全面掌控兩院的情況下，推行減稅政策也面臨著借貸成本上升和國債增加的挑戰。美國要實現減債目標，必須在政治上達成更廣泛的共識，同時需要結合增稅與削減開支的策略。然而，在當前政治環境下，這一目標遙不可及。。美國要減債，基本上是痴人說夢。

中共利用美債危機搞去美元化，當勞侵跟中共打貿易戰。中共以為東升西降，自視太高又太輕視美國經濟實力，在中美貿易戰一敗塗地。拜登上台後，延續當勞侵的中美貿易戰，中共國高鐵變爛鐵，商場變死場，遍地鬼城死場空舖，幽靈高鐵站，年青人躺平，地方債違約，有些地方公務員沒有支薪大半年。美債危機不會拖垮美國經濟，反而拖垮中國經濟，相信很多人想不通，看不透。美國國債 36 萬億美元，美元應該不值分文。可是，美元強勢無法擋，國債增加，美國的白條子，即是美元反而升值。那是因為美國有得天獨厚的經濟本錢，美元是國際儲備和貿易貨幣。美國濫發美元就是強搶外國人的錢。

核戰危機出現的時候，所有人買美元避險，搶高美元，即是爭著將錢塞進美國政府庫房。因此，美債危機就是核戰危機，無法分割。2024 年的核戰危機正是美國總統拜登搞出來拯救美國經濟的良方妙藥。可惜，這劑藥有一些副作用，包括毀滅人類文明。

當勞侵想了結俄烏戰爭及以哈戰爭，減少對外軍援開支。這樣做反而令美債危機惡化，美元價值歸零。

1.4 美國政府官僚主義

美國各地露宿情況嚴重，有些露宿者建立的營幕城市，治安和衛生情況差過菲律賓貧民區，爛過加沙難民營。地方政府卻完全忽視露宿危機，用盡資源好好地招待非法移民。不要以為美國醫療服務昂貴和效率低，教育服務更差。美國有一半人的英文水平不足小學畢業程度。美國各地唐人街的英文識字率低至無法想像。

美國官僚主義自古已有。1975 年，聯邦政府在田納西州的田納西河興建 Tellicao 水壩，因為影響瀕危小魚蝸牛標鱸 Snail Darter 而被田納西州無限期禁止興建。聯邦政府被迫將這種只有 3.5 英吋長小魚遷徙至其他河流。田納西州官員滿意小魚新生活環境的時候，小魚已非瀕危，水壩才成功興建。

我居住的聖達卡拉郡 Santa Clara County，最近跟以浪抹屎因為小青蛙而鬧翻。以浪抹屎雄心萬丈發展火星計劃，聖達卡拉郡禁止他的火星探險火箭發射。原因竟然是聖達卡拉郡有種小青蛙可能因為火箭發射的噪音而受驚。未有完整小青蛙受噪音影響的心理報告和心理治療方案之前，禁止火箭在聖達卡拉郡發射。火星探險火箭發射基地偏偏在聖達卡拉郡。他受到官僚主義阻礙不是只有火星計劃。以浪抹屎為當勞侵站台及加入美國政府，目的是要掃除阻礙科技和商業發展的官僚主義。

美國的官僚主義無處不在，政府部門效率之低，可以用半癱瘓來形容。去移民局解決甚麼問題都要等一整天而且問題得不到解決。急症室服務可以說是美國人的免費醫療福利。因為求診急症的病人太多，有些病人走進急症室求診，病死了也未看到醫生，直入殮房。有些人打電話 911 報警求救才發現 911 電話打不通。加州店舖被搶掠和破壞，如果沒有傷亡，警察接到報案只會不了了之。

美國最有效率的部門是國稅局和州稅局，試試不交稅就會感受到它的超高效率追稅。美國政府爛成這個樣子，當勞侵和以浪抹屎想消除根深柢固的美國官僚主義，我認為是妙想天開。

加州高速鐵路見證美國官僚主義的超低效率。洛杉磯到聖地牙哥的高速鐵路計劃始於 1979 年。1982 年發債失敗。1983 年，成立市際高速鐵路委員會。1996 年，加州通過高速鐵路法成立高速鐵路局，策劃、興建及運作州除高速鐵路系統。2008 年，州長阿諾舒華辛力加成功發債 100 億美元。加州高速鐵路由洛杉磯到三藩市的第一期工程在 2015 年動工。2024 年，這條鐵路只是完成了 86%。2024 年 6 月，因為撥款不足，工程無限期停工。這條高鐵搞了 45 年，到現在只是完成不足 9 成的爛尾工程，沒有預定完工日期。

以浪抹屎喜歡裁員節省開支。他接管推特之後，裁員 6,000 人，佔員工總數 8 成。他改善美國政府部門的手法也是裁員。可是，聯邦政府僱員有工會保護，很難辭退。另外，以浪抹屎主管的政府效率部不是正式政府部門，只是從政府以外提供政府效率建議的組織，本質上只是總統智囊團。以浪抹屎沒有重組政府部門和裁員的權力，要替美國政府結構做大手術，恐怕沒有那麼容易。

要點名指責美國政府部門浪費公帑或者濫用資源，十分容易，我也做得到。找出政府部門效率低的原因，我也可以。找出問題容易，解決問題絕不容易。做得不好，越搞越糟。但也不能低估以浪抉抹屎的智謀，他有可能解決美國政府效率太低的問題。最重要是他必定能夠掃除高科技發展的障礙，讓美國高科技急速發展。

1.5 核戰危機

2024 年是人類史上最大機會爆發全面核戰的時候。以前，俄羅斯不向非核武國家使用核武。2024 年 11 月，布丁修改使用核武規定，可以用核武攻擊那些得到核武國家提供武器的非核武國家。那就是說，烏克蘭用美製導彈攻擊俄羅斯，俄羅斯可以向美國及烏克蘭發射核彈。這樣做是阻止歐美向烏克蘭提供武器及容許烏克蘭用那些武器攻擊俄羅斯，矛頭直拉美國總統拜登容許烏克蘭使用美製長程導彈攻擊俄羅斯本土。

美國沒有理會布丁的核戰恐嚇，烏克蘭也不理會，甚至美國投資者也將布丁的核戰恐嚇視為笑話，股市在核戰危機中上升。烏克蘭向俄羅斯發射 6 枚美製導彈，俄羅斯聲稱擊落 5 枚。1 枚美製導彈打中俄羅斯境內目標。這是俄羅斯第一次遭到美製導彈攻擊。布丁再發核戰警告。這次，烏克蘭不怕，英國也不怕。烏克蘭向俄羅斯發射英法製造的暴風之影導彈。

布丁不反擊的話，顏面無存，政權不保。反擊的話，除了核武，沒有足夠兵員，也沒有武器可用。用核武的話，歐美會以核武回應，爆發全面核戰。談到核武，俄羅斯雖極為強大，卻不是最強大。歐美核武加起來，論質論量完全在俄羅斯之上。布丁打核戰只會招來徹底毀滅。歐美有多少傷亡很難說，俄羅斯肯定不再存在。核戰危機嚴重至瑞典派發 500 萬份小冊子，教導國民如何準備核戰。

俄羅斯威脅打核戰，北韓的肥仔金也走出來湊湊熱鬧。2024 年 10 月 31 日，北韓發射射程包括美國的火星砲 -19 型洲際彈道導彈，威脅美日韓。11 月 3 日，北韓官媒朝中社指責南韓總統尹錫悦的北韓政策將南韓置於核戰的危險之中。簡單地說，北韓向南韓發出核戰威脅。美日韓立即舉行聯合軍演，美國出動 B-1B 戰略轟炸機，反制北韓的核戰威脅。

中東那邊廂也有核戰危機。伊朗很快成功製造核彈對付以色列。2024 年 10 月 1 日，伊朗向以色列發射 180 枚彈道導彈，全數被以色列和美國擊落或者故意忽略。以色列誓言反擊。內塔答應拜登不攻擊伊朗石油和核設施。結果，內塔食言，以軍在 2024 年 10 月底空襲位於伊朗德黑蘭東南 30 公里的巴欽 Parchin 軍事設施。當時，以色列說那個核彈試驗場已經停用，當時用來儲存導彈用固體燃料，不是核武設施。其實那裡是伊朗的絕密核武器研究設施塔勒坎 2 號，裡面有伊朗的重要核武設備。伊朗因為核武設施被摧毀，核武計劃遭到重創，無法在短期內向以色列發動核武攻擊。內塔有足夠時間等當勞侵上台才徹底摧毀伊朗核設施。拜登因此痛罵內塔是滿口謊言的騙子。攻擊核設施就是核戰，以色列事實上跟伊朗打核戰。

現在的俄羅斯和北韓核戰威脅令歐美極度緊張，任何錯誤判斷會引發全面核戰。例如俄羅斯或者北韓發射彈道導彈，導彈飛行中失靈，飛向美國。美國認為那是攻擊美國的核彈，於是發射核彈與俄羅斯、中國及北韓同歸於盡。全面核戰只在一念之間，沒有任何人可以阻止核戰。即使耶穌基督再次降臨也擋不住核戰爆發。

美俄爆發全面核戰的話，萬枚核彈滿天飛，地球瞬間陷入核戰嚴冬，9 成人口死於核戰和核戰引起的氣候變化，人類文明遭到滅頂之災，甚至人類滅絕。全面核戰可以不談，因為說出來沒有甚麼意思。局部地區核戰也有很大衝擊。不要將現代核戰的破壞力視為廣島原爆那樣。現在的核武破壞力比投下廣島原子彈強勁百倍千倍，而且核彈數目之多，簡直匪夷所思。美國和俄羅斯各擁有約 5,000 枚核彈。當中很多是威力極為強大的氫彈。這些核彈加起來可以將地球爆成星塵——如果核爆後還有塵的話。

即使爆發地區性核戰，全球經濟必然崩潰，世界各地出現飢荒和核污染，中國和香港經濟不再存在。從好的一邊看，長痛不如短痛，反正全球債務走上不歸路，來個了斷，全球經濟重新開始。核戰打響，美國不必償還 36 萬億美元國債，經濟可以重新起動。全球人口過多問題也會在核戰中得到徹底解決。

1.6 種族不平等

美國是世上對待種族歧視最嚴厲國家，説黑人是黑人 Black 也算是歧視，要説非裔美國人 African American。1994 年 5 月，美國連鎖餐廳 Denny’ s 因為在加州和馬利蘭州被指控種族歧視，支付 5,440 萬美元和解費。這宗歧視案的起因是 15 歲黑人少女走進餐廳慶祝她的 13 歲生日，餐廳拒絕給她免費生日大餐。馬利蘭州那宗案件是幾位黑人客人等了整整一小時得不到招待，其他白人客人卻得到招待。美國的反種族歧視曾經瘋狂過一陣子，所有學校、政府部門和商業機構的種族構成要和城市的種族比例一致。那就是説，城市有一半人口是黑人，大學的學生要有一半是黑人，警察要有一半是黑人，醫生要有一半是黑人，歌手要有一半是黑人，監獄內最多只有一半是黑人………。這樣的完全種族平等主義根本行不通。後來改為色盲主義，不容許談論種族差異，黑人和白人一模一樣，連膚色也是一樣，這樣才是公平。因為色盲主義，醫療化驗文件上不能寫病人是甚麼人種。有些疾病在某些人種特別流行，做化驗的人卻不知道病人種族，極不合理。現在是半色盲狀態，如果病人接受的話，可以在醫療記錄上寫上種族。病人可以拒絕告訴醫生，他屬於甚麼種族，甚至可以拒絕説自己的性別。醫生可能將男性病人轉介去做婦科檢查。

即使如此嚴厲對付種族歧視，黑人仍然受到不平等對待。如果你問美國黑人，甚麼事情最困擾他們，他們會説，種族歧視、警察暴力、經濟和醫療不平等。

黑人暴動經常因為警察暴力而爆發。白人警察打死黑人，事情還未搞清楚就爆發暴動。2014 年 8 月，密蘇里州聖路易斯市市郊白人警察威爾遜射殺沒有武器的黑人米高布朗。目擊者説警察開槍時，布朗舉手及説「不要開槍」。事件引發美國各大城市暴動及搶掠商店。FBI 的調查顯示，布朗沒有舉手也沒有説「不要開槍」。探員發現，布朗投降事件中，最重要的唯一目擊證人説他在住所目擊事發過程，但是他居住的地方根本上看不見事發現場。事後，他承認説謊。目擊證人被證實説謊，暴動的人仍然高叫「不要開槍」。

加州屋崙市也爆發黑人暴動，一直打到唐人街。加州各地警察趕到屋崙鎮壓暴動。事發時，我在灣區 26 台擔任記者。暴動當晚去到現場被警察驅趕。翌日早上再去現場，屋崙市中心破爛不堪，商店被破壞及搶掠，很多地方被燒毀。我在香港 NOW TV 的隆中對環節報導過這件事。

美國種族衝突沒完沒了的原因是種族不平等。黑人佔加州人口 6%，監獄內黑人卻有 28%。三藩市監獄囚犯之中，56% 是黑人，市內人口只有 5.6% 是黑人。這就是説，三藩市的黑人大都在監獄內。2021 年的調查顯示，美國人口之中，12% 是黑人。25 歲以上黑人之中，22.6% 獲得學士或以上學歷，遠遠低於全國平均數 32.9%。16% 白人青年來自單親家庭，黑人的比率是 44%。無論從哪個角度看，黑人受到不平等對待。但是，深入一點看，黑人來自單親家庭的比例高過白人，應該不是美國社會不公平對待黑人而產生的問題。

痴肥是美國公眾健康危機，4 個美國人之中，3 個痴肥。每 10 個美國人就有 1 人嚴重痴肥。痴肥最嚴重的族群是黑人女性，5 個之中，4 個超重或者痴肥。痴肥率最低族群是亞洲女性。我擔任醫療傳譯員的時候，很少服務痴肥病人。由此可見，痴肥對美國華人的影響不大。黑人女性痴肥率超高，很難説是美國社會對她們不公平。吃得好，睡得甜，活動少才會肥胖，對吧？ 請不要誤會我的説話，我不是説黑人的問題是自己搞出來。我的意思是，黑人的社會問題十分複雜，不是單純的不公平。

痴肥的原因是缺乏運動和食物飲品中含有的糖份太高。美國人運動量少的原因是汽車代步。我來到美國之後，生活美國化，去甚麼地方都開車去。由一間商店去另一家商店，徒步只需 3 分鐘，我也是開車去。美國飲食主要是垃圾快餐，漢堡包、薯條加汽水。來了美國 20 多年，體重增加 20 多磅，還害了二型糖尿病，每天吃藥。但是，我的情況和黑人相差很遠。最初吃糖尿病藥物的時候，我是 64 歲。初診糖尿病的平均年齡是 53 歲，64 歲才初診高血糖，我算是幸運兒。美國黑人的糖尿病初診年齡是 47 歲。由於黑人的初診年齡較輕，糖尿病的洗腎率最高，黑人佔美國人口 13.7%，洗腎的人之中有 33% 是黑人。在美國，單純痴肥不能拿殘障金。要是痴肥可以拿殘障金，美國大部份勞動人口不去工作，轉去拿殘障金。我認為痴肥和糖尿病的成因是遺傳和生活習慣，跟社會不公平沒有多大關係。從痴肥問題可以看到，黑人的醫療不平等確實存在，卻不一定是種族歧視造成。

當勞侵面對的種族歧視死結特別嚴重，因為他被說成白人主義者。確實，有些當勞侵的支持者是新納粹黨份子，支持侵侵的時候揮舞維粹旗。2023 年，當勞侵多次說，「無證移民毒害我們國家的血液」。這句話聽起來像希魔說的白人主義。我不是說當勞侵主張白人主義。我只是說他讓人感到他好像有白人主義。2024 年大選，奧巴馬全力支持民主黨總統候選人賀錦麗，每次上網都看見奧巴馬為賀錦麗籌款的廣告。即使如此，首位女黑人總統候選人仍然落敗。敗選原因顯而易見，美國的黑人人口只有 13.7%，白人是 75.3%，擺到明寡不敵眾，而且她看來不像黑人。賀錦麗落敗會衝擊美國種族和諧。即使美國第一位黑人總統奧巴馬在位時，美國種族衝突也沒有停止過。前文說的布朗被打死爆發全國性種族暴動就是發生在奧巴馬任內。黑人總統奧巴馬搞不好種族衝突，不要幻想白人總統當勞侵可以解開這個死結。

1.7 醫療危機

美國醫療費用昂貴令很多美國人陷入醫療破產。工作年齡的美國人之中，41%，即是 7,200 萬人支付醫療費用時出現困難或者拖欠醫療費用。700 萬美國老人有醫療債務問題。加起來，7,900 萬美國人在支付醫療費用時出現困難。這些人之中，不少人有醫療保險，他們付不起病人自付的分擔費用。由於太多美國人拖欠醫療費用，美國拯救計劃 American Rescue Plan 取消了 300 萬美國人欠下的州、郡和市政府 70 億美元醫療債務。

醫療費用高，醫療保險費用更高。2024 年之前，我的醫療保費是每月 1,300 美元。窮書生沒有能力每月支付 1,300 美元保費，幸好有奧巴馬醫保付錢。我不必支付醫療保險和醫療費用。2023 年，我接受膽囊切除手術，住院 4 日。膽囊切除手術不是甚麼大手術，費用卻超過 10 萬美元。10 萬美元嘛，我連見也未見過，一生人從來不曾擁有過這麼多錢。這筆手術費由奧巴馬醫保全額支付。要是由我支付手術費用的話，只能留著爛膽囊渡過餘生。年青時，在香港享受近乎免費醫療服務，現在才知道那時候多麼幸福。

當醫療傳譯員的時候，有位來自中國大陸的病人問加州醫療補助計劃代表，為何她去看急診要支付 3,000 美元？她去了不受保的醫院急症室，當然要支付醫療費用。可是，3,000 美元，不對啊，哪有這麼便宜。我拿過她收到的單子看，上面寫的不是急症室費用，而是救護車費用。打電話去醫院查問，當日急診費用約 5 萬美元。她擁有物業而沒有收入，可以拿加州醫療福利。被醫院追收費用時，她的房子會被沒收拍賣。她聽到之後被嚇至差點昏了過去。看見她臉色蒼白，呼吸困難，我問她，「送你去急症室好嗎？」她瞪大眼睛望著我，沒有說話。

很多人沒有醫療保險，有病沒有得到治療，小病變成大病，增加政府的醫療福利支出。奧巴馬推出奧巴馬醫保，利用政府補助的全民醫保降低醫療成本，減少醫療支出。他的想法正確，但是，醫療機構是賺錢的商業機構，唯利是圖。奧巴馬醫保沒有降低醫療成本，卻成為醫療機構的搖錢樹。2024 年的財政年度，奧巴馬醫保讓聯邦政府破財 1,250 億美元。

美國醫療成本高的其中一個原因是美國人健康劣化。前文說的痴肥危機，80% 黑人女性超重或者痴肥，而且越來越嚴重。痴肥危機引發糖尿病危機，糖尿病危機再引發洗腎危機。美國的痴肥相關醫療開支每年約 2,000 億美元，主要用於醫療痴肥引起的糖尿病和心血管疾病。健康劣化令醫療需求增加，醫療需求增加令醫生護士人手短缺。醫療機構被迫提高醫生護士工資，醫療成本上升。2024 年，美國短缺 64,000 名醫生。美國護士短缺至成立 2023 年全國護士短缺工作小組法 National Nursing Shortage Task Force Act of 2023。

要搞好美國醫療系統，先要解決醫護人手短缺問題。要解決醫護人口短缺，先要解決美國人痴肥問題。現在 75% 美國人超重或者痴肥，再這樣下去，必定全民痴肥。到時，美國人健康質素下降，醫療系統崩潰，經濟也會跟著崩潰。

美國醫療費用爆升被算進美國 GDP，說來是笑話。美國 GDP 之中有很多水份，其中包括完全失控的醫療開支。如果成功降低醫療開支，美國 GDP 會下跌，長期的話，被視為經濟萎縮。現代經濟學一團糟。債務算作資產，醫療和政府開支算入 GDP。我讀大學的時候，沒有修讀瘋人瘋語大話西遊的經濟學，完全沒有。

1.8 大愛左膠

美國有很多解放派 liberals，香港人稱他們大愛左膠。他們的思想充滿矛盾，做事像瘋子，完全沒有理性可言。例如他們支持巴人，說巴人的苦難如何如何，天天大叫救救巴人婦女及兒童。對於非洲的飢民，他們卻完全沒有同情心，無論死了多少非洲婦人和兒童，他們不理會。發展中國家食水污染，每20秒死一名兒童，左膠沒有跳出來示威。巴人兒童在哈馬斯主持的聯合國學校學習如何殺死以色列人，學校經費不足，左膠跳出來亂跳亂罵，發狂地示威。

很多左膠大學，包括哈佛在內，在哈馬斯屠殺千多名以色列人的時候，學生和教職員跑出來揮舞哈馬斯旗慶祝。以軍空襲加沙的時候，他們扮成哈馬斯份子在校內騷擾猶太人學生和教授。

3家著名美國大學（哈佛大學、麻州理工學院MIT和賓夕法尼亞大學）因為校園反猶太人事件，校長被召到國會作證。賓夕法尼亞大學校長馬吉爾因為沒有明確譴責呼籲對猶太人實施種族滅絕的言論，早在聽證會舉行之前4日的2023年12月9日辭職。

2023年12月13日，哈佛大學黑人女校長夠癲姬Claudine Gay在國會作證時，被眾議院共和黨女議員斯特凡尼克Elise Stefanik多次質問，「支持巴勒斯坦的學運人士呼籲殺盡猶太人進行種族滅絕，是否違反校園騷擾的行為準則？」她回答，「視乎前文後理。」

斯特凡尼克說她應該辭職，夠癲姬只是冷冷的一笑。夠癲姬的盤算是，她因為支持巴人被大學革職，將會令她成為左膠英雄，他日從政會十分順利。事後，哈佛理事會發表聲明支持她的立場，沒有將她革職。哈佛不愧為極左膠大學，570哈佛教職員聯署力挺夠癲姬縱容校內反猶太事件令反猶太事件持續不斷。

左膠的盤算對資深國會議員來説，算直是低智無聊。大學不將夠癲姬革職，國會只好親自動手，但是，不是因為校內有人鼓吹殺盡猶太人而將她革職而是揭露夠癲姬校長論文抄襲醜聞。身敗名裂的夠癲姬即使得到校董會和 570 位教職員聯署支持，最終亦無奈地辭職。

如果左膠哈佛大學給我榮譽博士學位，當然不會有這樣的事情發生，只是如果，我會斷然拒絕。拿個左膠博士學位，對狂隆是人格侮辱。

最搞笑的矚身支持巴人大愛左膠搞作是 2024 年大選時呼籲不投票給賀錦麗，因為拜登政府提供武器給以色列攻打加沙。小麗是副總統，左膠將這次大選視為懲罰拜登政府的機會。他們不投票給小麗，當然也不投票給支持以色列的當勞侵。他們將票投給綠黨的焦史丹 Jill Stein。可能沒有多少個香港人知道這次美國大選除了小麗和當勞侵還有其他候選人。很多美國人也不知道有焦史丹這個候選人。選舉結果肯定是焦史丹拿不到選舉人票，一票也拿不到。投票給完全沒有機會勝選的人就是浪費手上的選票。這群左膠是民主黨選民，不投票給小麗就是削減民主黨票數讓當勞侵勝選。小麗支持加沙停火和巴勒斯坦立國的兩國方案又同意美國接收巴人難民，不投票給她的原因是支持巴人。這是甚麼思維？左膠笨到弱智程度，我無法理解這群左膠。

左膠雖然笨，但是人多勢眾，可以説無處不在，國會裡面有，地方政府內有，傳媒有，學校有，街上有。他們得到民主黨支持，有相當政治勢力，做事不顧後果。2024 年 11 月 22 日，有人向候任總統當勞侵扔手機。11 月 27 日，FBI 確認執法部門接到多宗針對當勞侵提名政府高層人員的炸彈虛報和死亡恐嚇。他未上任就有這麼多事情發生，上任之後會怎樣，真是天曉得。當勞侵擔任總統時要面對這伙腦袋長在屁股的左膠，日子一定不好過。

即使民主黨另一邊的共和黨也有不少人的腦袋長在屁股。有些共和黨人將共和黨旗、支持當勞侵的標語和納粹旗插在車上，成群地在路上遊行。民主黨遊行經常遭到共和黨人騷擾，反過來也是一樣。因為今年大選的火藥味太濃烈，一向將政治攤開來公開談論的美國人也收斂很多。很少人在公眾場合談論 2024 年大選，住宅門前沒有多少大選廣告牌。特別是支持當勞侵的廣告牌，插在門前和找麻煩沒有多大分別。以前的大選，到處可以看到支持候選人的廣告牌。有些地方的草地插幾個競舉廣告牌。今年少了一大截，往時的一成也沒有。

看來，這次民主黨敗選應該餘波未了。

第二章

中美角力

2.1 關稅

2024 年大選的時候，當勞侵說字典中有一個字最動聽，那就是關稅。他是個鍾情關稅的總統，也是過去幾十年徵收關稅最多的總統。當勞侵擔任美國第 45 任總統的時候，中共想彎道超車奪走美國的經濟霸權，卻被當勞侵撞出跑道外。中美貿易戰正式打響，美國使用的武器主要是關稅。2018 年 3 月，當勞侵以中國不公平貿易為理由，成立 301 條款徵收中國進品商品關稅。

美國抽中國貨關稅，中國對等回應，向美國進口商品徵收關稅。但是，中美貿易不對等，美國出口到中國的商品不多。中國在 2019 年跟當勞侵達成第一階段貿易協議。2018 年至 2019 年，他向 3,800 億美元進口商品徵收 800 億美元關稅（當勞侵不是只徵收對華關稅，加拿大和墨西哥等國家也被徵關稅）。拜登上任之後，除了延續當勞侵的對華關稅，向另外 180 億美元中國進口半導體及電動車徵收關稅 36 億美元。

中國經濟數據和美國的數據一樣，有水份有誤導數字，有些重要數據的計算方法完全不合理。以中國出口數字為例，過去 10 年有大幅增長。但是，看看裡面的乾坤就知道，中共在國外大撒幣，撒出去的幣都放進出口數字和 GDP。我的理解是，對外無償援助和那些收不到錢的海外基建工程不應該放入出口數字和 GDP，應該撇賬才對。中共的計算方法是，出口之後就是出口數字一部份，完全忽略能不能收到錢。

常言道，知己知彼，百戰百勝。當勞侵只要看看中共發表的政策就明白中共。可是，中共那邊無論怎樣研究仍然無法明白當勞侵。當勞侵競選時說，他可以 24 小時之內解決俄烏戰爭。此話一出，舉世嘩然。美國候任總統竟然口出狂言。對中共來說，當勞侵的政策屬於無法預計，可以說是神經刀。他上次擔任美國總統的時候，說習近平是他的老朋友，卻又跟中共打貿易戰，毫不留情。中共確實看不通當勞侵的思維和心態，曾經找精神病專家研究當勞侵的行為，懷疑他有精神病。

2024 年，當勞侵說上任後向中國出口到美國商品徵收 60% 關稅。要是真的徵收這麼高關稅，中國製造業將會遭到重創，爆發失業和經濟危機。中國人做事喜歡走後門。2024 年 11 月，中共和秘魯合作建設的秘魯錢凱港 Chancay 舉行開港儀式。中共想用錢凱港繞過當勞侵的關稅規定。中共這樣做，拜登總統一直隻眼開隻眼閉。過去幾年，中共利用墨西哥向美國大量出口中國製造商品。拜登沒有向這些繞道中國商品開刀。可是，當勞侵聲明，通過錢凱港輸往美國的中國商品會被徵 60% 關稅。中共搞秘魯錢凱港可以說勞民傷財，一無所得。

2024 年 11 月 25 日，當勞侵說上任之後會向加拿大及墨西哥徵收 25% 關稅，向中國進口貨物在現有稅率上加徵 10% 關稅。2024 年 11 月的對華關稅是半導體和橡膠產品 50%，鐵和鋁產品 25%。徵收對華關稅 35% 至 60% 是中國製造業大災難，而且加徵 10% 只是起點，將來可能再加碼。2024 年，中國說中美貿易是互惠互利，打貿易戰，抽關稅沒有贏家。說到明明白白，中國不想跟當勞侵打貿易戰。

拜登 2021 年 1 月上台的時候，1 美元兑 100 日元。2024 年 11 月底，即是 4 年後，1 美元兑 150 日元。日元貶值幅度高達 50%，再加上關稅差距。日本貨在美國的競爭力會超越中國貨。

中國貨因為關稅而加價，美國商人將訂單轉到其他國家去，供應鏈的中國部份被切除，換上其他國家供應鏈。中共以為美國需要十年八時間才能切斷中國供應鏈，怎料到，當勞侵手起刀落，中國供應鏈應聲切斷。最引人注目的供應鏈轉變是當勞侵擔任總統第一年，即是 2017 年開始，蘋果 iPhone 手機在印度組裝。2024 年，即是當勞侵當選第 47 任總統的時候，iPhone 16 全線手機在印度組裝，包括 iPhone 16 pro。以前，很多人以為印度沒有能力組裝 iPhone，蘋果將供應鏈搬到印度必定失敗。怎料到，中國人在中國買的 iPhone 16 手機竟然是印度進口貨。

有些評論員說美國徵收對華關稅會推高物價，支付關稅的人是美國人不是中國人，中國經濟不會受損，只有美國經濟受損。事實上，中國貨不便宜。當勞侵上台之前，中國貨在美國已經不吃香。過去 10 年，我在美國買的廚房用品大都來自印度和日本，紡織品來自東南亞和南美洲國家。中國貨當然還在美國銷售，但是銷量跟 20 年前相差很遠。20 年前，零售商店內的家庭用品和紡織品幾乎全部中國製造，現在連袜也沒有。將訂單轉到其他國家去，商品的零售價格不會上升。過去5年，即是 2019 年至 2024 年，美國的食物、能源和住屋價格升幅約 30%，衣服類價格升幅只有 7%。由此可見，美國切斷中國供應鏈不會令美國人有經濟損失。美國 GDP 沒有因為徵收對華關税而惡化，仍然保持穩定增長。

2024 年，當勞侵競選的時候聲言會向中國出口到美國商品一律徵收 60% 關税。這樣做差不多是完全停止進口中國貨。我認為當勞侵會這樣做，因為他討厭中國，包括中國貨和中國人。主要原因是中共實行去美元化，想奪取美國經濟、軍事和外交霸權。當勞侵的競選口號和政策是「令美國再次強大」。要美國再次強大，當然要打殘威脅美國霸權的中國。當勞侵競選時説，如果中國搞去美元化侵犯美元霸權，他會在既有對華關税之上再加 100%。不是只有當勞侵視中共搞去美元化為金融攻擊，拜登亦因為中共去美元化繼續搞當勞侵的去中國化，切斷中國供應鏈。

對華關税會傷及以浪抹屎嗎？以浪抹屎的踼死憁電動車有一半在上海工場製造。當勞侵的關税大戰肯定打死踼死憁電動車。以浪抹屎是當勞侵競選的得力助手又是政府效率部的總管之一，當勞侵應該不會用關税打殘以浪抹屎。美國傳媒報導，以浪抹屎的踼死憁不再造電動車，改造氫能源車。踼死憁氫能源車當然不是在中國製造。

中美貿易戰最可怕之處不是關税，而是美國切斷中國供應鏈和晶片禁運。當勞侵當選後不久的 2024 年 11 月 20 日，美國政府禁止三星、英特爾和台積電等企業為中國代工 7 奈米晶片。傳聞美國會進一步收緊禁令禁止 14 奈米晶片輸往中國。中國在拜登時期的禁令下，無法得到荷商艾司摩爾 ASML 等公司的先進製程設備，並且被美國全面禁止中國取得先進 AI 晶片、人才、技術、材料和設備。

中共在最不適合的時候搞去美元化。中國經濟所有範圍都有危機，地方債、失業、樓價暴跌，消費疲弱、鬼城遍地、醫療衛生惡化、無用基建不停消耗國力。這時候應該休養生息，不應該拉攏反美國家組成反美集團（金磚國家），跟美國大打出手。

美國加徵對華關稅，對香港經濟是沉重打擊。當勞侵還未上台，歐洲先向香港國開刀，歐洲計劃撤掉香港關稅優惠。廠商會會長盧金榮表示，港商一直發掘新興市場，例如東南亞、中東甚至非洲。我非常懷疑香港商人能否在非洲做生意。年輕時，我曾經在西非洲尼日利亞化工廠當廠長。我在那裡患了抗藥性瘧疾，差點沒命。同一工廠有華人患上同一疾病而快要死亡。醫生用盡可以用的藥物，完全無效，最後只剩一隻傷肝藥。吃了之後要離開非洲，因為那藥只能用一次。回去香港的時候停留羅馬，仍然準時發冷發熱，就回去尼日利亞等死。結果大難不死，病好了，回去香港。我認為非洲的工作不一定適合香港人。那裡衛生環境和醫療服務很差，傳染病多，像我這樣的香港人很難活下去。去中東做生意就更加要命，戰火連天，50 多度高溫，漫天風沙 ...... 還有那些符合伊斯蘭法律的做生意規定。看來，盧金榮一定未去過非洲和中東。

2.2 美元結算系統

中共要跟美國爭一日之長短，要超越美國。中共國務院總理李克強於 2015 年 5 月提出，名叫「中國製造 2025」製造強國戰略的首個 10 年綱領。計劃在 2025 年成為製造強國，再過 20 年成為全球最強製造大國。另外，中國趁著美國制裁俄羅斯的時候搞去美元化，讓人民幣取代美元成為國際儲備和貿易貨幣。美元是美國經常使用的經濟制裁大殺傷力武器。美元能夠成為金融武器，因為幾乎所有國家依賴美國的 SWIFT 進行跨境支付訊息傳送服務，金融機構失去 SWIFT 系統服務，跨境結算成本大幅上升、甚至無法進行。美元結算權在美國，即使金融機構得到 SWIFT 服務，美國單方面制裁的話，這家金融機構無法完成美元結算，只能進行美元以外的國際結算。中共無法孤立台灣經濟，主要原因是台灣能夠使用美國的 SWIFT 系統進行國際貿易結算，中共無法將台灣經濟邊緣化。中共要打倒美國金融霸權，首要工作是架空 SWIFT。

中國有自己的國際人民幣結算系統 CIPS。因為人民幣是不能自由兌換的軟貨幣，CIPS 沒有全球結算能力，而且結算量很低。CIPS 無法取代 SWIFT 系統。

俄羅斯無法使用美元結算系統，中俄用人民幣進行的能源交易。受到美國嚴厲制裁的伊朗跟中國進行交易時也使用人民幣。沙地和中國建立採用人民幣的能源交易。金磚國家（中國、俄羅斯、印度、巴西和南非）早就想有美元以外的共通貨幣，減少對美元的依賴。巴基斯坦、尼日利亞、阿根廷和土耳其等國家亦想減少對美元的依賴。中共的去美元化計劃看來可能成功。

俄羅斯主辦 2024 年 10 月 22 至 24 日的金磚國家 BRICS 高峰會，主張利用中共正在全力發展，由人民銀行發行利用區塊鏈技術的數碼貨幣電子支付系統 DCEP，建立金磚之橋 BRICS Bridge 去中心化共同支付系統，挑戰美國金融霸權。巴西、俄羅斯、印度、中國和南非聯合推出讓金磚國家之間用本國貨幣收款和付款的跨境金磚國家支付系統 BRICS Pay，還計劃發行金磚鈔票。

當勞侵在競選時說，中國的去美元化對美國霸權構成重大威脅，說要向參加去美元化的國家徵收 100% 關稅，矛頭直指金磚五國。民主黨人認為人民幣是有外匯管制的軟貨幣，不可能威脅美元地位。民主黨討好選民的方法是反戰，幫助非法移民、大派福利、去宗教化，支持墮胎和同性戀。因此，民主黨的總統不重視中共去美元化和建立以中國為首的經濟圈。例如拜登總統制裁伊朗，卻讓中國購買廉價伊朗石油。伊朗石油出口之中 9 成去了中國。這樣做擺到明給中國經濟利益，增強中國出口競爭力。

共和黨保護主義強烈，宗教信仰較強，容不下同性戀和墮胎，比較好戰，極力維持美國霸權。共和黨人認為中國在美國國債危機爆發的時候搞去美元化是無法容忍的落井下石行為。即使人民幣無法取代美元，仍然給美國經濟霸權構成威脅。當勞侵搞的去中國化就是反制中國的去美元化。去中國化進行得十分順利。2023 年，墨西哥取代中國成為出口商品到美國最多的國家，全年出口到美國商品總值 4,750 億美元。中國只有 4,270 億，對比 2022 年少了 1,100 億美元。

金磚國家人口眾多，但是金融實力薄弱，而且集中在中國。即使中共成功建立架空 SWIFT 和美元結算的國際支付系統，中國失去經濟實力，整個金磚集團也會垮下來。美國金融霸權仍然屹立不倒。

2.3 通脹

當勞侵加徵對華關稅，中國本來已經嚴重產能過剩及嚴重失業，失去美國市場是雪上加霜。這場關稅貿易戰，中國打不起也輸不起。中國商務部國際貿易談判代表王受文於 2024 年 11 月 22 日說，「中國有能力化解和抵禦外部衝擊帶來的影響，願意與美國開展積極對話的同時，也會堅定維護自身主權、安全和發展利益。」

他說，「美國加徵對華關稅不能美國貿易逆差問題，反而推高美國通脹。那是因為美國徵收的中國進口商品關稅由美國消費者支付，不是中國。」

他的說話明顯地高估中國製造業的重要性，以為美國人不能不買中國貨。美國加徵中國貨關稅之後，美國人仍然買中國貨，美國消費者當然要負擔加徵的關稅，美國通脹也會上升。但是，美國的做法不是加徵中國貨關稅又買中國貨。美國商人將訂單轉到南美、南亞和東南亞國家，棄用中國貨。美國通脹不會上升，反而下降。根據彭博的 2016 年研究資料，當時的生產成本最低國家順序是 1. 印尼、2. 印度、3. 墨西哥、4. 泰國、5. 中國、6. 台灣、7. 美國。中國貨不便宜，美國貨生產成本僅僅高過中國貨 5%。美國將訂單轉到其他國家去，可以節省成本，降低美國通脹。有些產品，在美國生產的成本低過在中國生產。因此，有些中國廠商在美國設廠。生產成本低過中國很多的印度成功組裝 iPhone 16 pro，中國組裝的產品，印度亦有能力組裝。中國製造業沒有甚麼了不起。美國消費者沒有必要買中國貨。

2019 年，當勞侵擔任總統的時候，跟中國打貿易戰及開徵對華關稅。那時候，美國沒有惡性通脹。由此可見，美國加徵中國貨關稅和美國通脹的關係不明顯。

當勞侵擔任第 45 任總統的 4 年時間，美國通脹維持在 1.5% 至 2.5% 的健康水平。拜登上任前，疫情爆發，通脹像火箭那樣垂直向上爆升，去到 9% 危險水平。這是因為疫情期間美國政府大派福利，增加大量貨幣供應推高通脹。聯儲局加息之後，通脹回落，但是，已經增長的高物價沒有回落。美國窮人生活極為困苦。要是跟中國打第二輪貿易戰，無可避免會有通脹上升風險。當勞侵的盤算是增產頁岩油壓低油價，讓通脹大幅度回落。這樣做，除了環境污染之外，還有政治風險。美國民主黨反對開採頁岩油，增產會引發政治衝突。沙地等石油出口國被美國增產頁岩油打殘，出現反美浪潮。中東反美情緒高漲又在核戰邊緣，不能再煽風點火。當勞侵明白形勢，向加拿大和墨西哥開徵 25% 關稅應該是迫使兩國管好邊境，不是真的打關稅貿易戰。向中國開徵額外 10% 關稅是賊佬試砂煲，看看通脹反應，再考慮是否將關稅提高至 60%。如果提高對華關稅沒有引發嚴重通脹，這 60% 關稅應該跑不掉。

2.4 看不通形勢

中共缺乏明白美國政治的國際人才，每次中東戰爭，中國都是輸家。每次經濟災難，中國都吃大虧。香港問題是影響中美貿易戰的重要因素。要是香港保留港英時代的法治政制，英美商人像以前那樣在香港做生意，美國投鼠忌器，在不想傷害香港的情況下，不會出重手跟中國打貿易戰。當勞侵委任被中共制裁兩次的魯比奧擔任國務卿，對付中國肯定動了真格。如果當勞侵利用關稅迫中國談判，跟中國討價還價，他絕對不會找魯比奧擔任國務卿。找魯比奧擔任國務找就沒有談判餘地。這麼簡單的政治道理，中共也看不明白。王受文站出來說中國願意跟當勞侵談判關稅。即使當勞侵隨便找個人跟中國談判關稅也不會有誠意，談來何用。

當勞侵在 2024 年重新當選美國總統，對中美關係及全球貿易格局肯定會產生深遠影響。他的勝選必定會加劇中美之間的貿易緊張局勢。當勞侵已經表明，他計劃對中國商品徵收高達 60% 的關稅，這將對中國出口造成重大打擊，特別是消費品領域。這　政策旨在減少美國對中國的依賴，同時鼓勵美國企業將生產基地轉移到其他國家，如越南和印度，或者回流至美國本土。然而，這些關稅措施也可能導致美國國內物價上漲，進一步推動通脹。

當勞侵的政策可能促使更多企業重新考慮其全球供應鏈佈

局。由於預期的高關稅，許多公司可能會選擇將生產轉移到成本更低且政策環境更友好的地區，如越南、墨西哥和泰國。然而，小型和中型企業在轉移生產基地時可能面臨更大的挑戰，包括法律和後勤方面的風險。當勞侵當選後，許多著名的外資企業因擔心即將到來的對中國商品的高額關稅而開始從中國撤離。這些企業紛紛尋找其他生產基地，以避免潛在的財務損失。

例如，知名鞋類公司 Steve Madden 迅速改變其業務策略，減少對中國製造的依賴。該公司計劃在一年內將其中國供應比例降低到 40%-45%，並已開始在柬埔寨、越南、墨西哥和巴西等地增加生產。Steve Madden 的 CEO 表示，這些措施是為了應對當勞侵可能實施的高額關稅，並預期這些關稅將對其業務造成重大影響。其他行業如電子產品和零售消費品也面臨類似挑戰。許多公司正在考慮將生產轉移到北美或美國本土，以減少供應鏈中斷和成本上升的風險。這種趨勢反映了企業對當勞侵政策的不確定性的擔憂，以及對供應鏈重組的迫切需求。

還有許多著名外資企業因應其對中國商品徵收高額關稅的政策而開始重新考慮其供應鏈策略，並將生產基地轉移出中國，例如，戴爾 Dell 和微軟 Microsoft ＊等科技巨頭已經開始減少在中國的業務，將部分生產轉移到印度和越南等地。這些公司希望通過多樣化其供應鏈來降低風險，特別是在地緣政治緊張局勢加劇的背景下。

斯坦利百得 Stanley Black & Decker 和暴雪娛樂 Blizzard Entertainment 也在重新調整其全球佈局，以避免過度依賴中國市場。這些企業的決策受到供應鏈中斷風險、政治緊張局勢以及知識產權保護問題的驅動。

耐克 Nike 已經成功地將部分生產轉移到越南，以利用該國的熟練勞動力和有利的投資環境。英特爾 Intel 則在越南、馬來西亞和愛爾蘭擴大其生產，以增強供應鏈的韌性。

這些企業的行動反映了全球製造業格局的重大變化。在特朗普政策的不確定性下，企業正積極尋找替代方案，以確保業務連續性並減少潛在的財務風險。這一趨勢預示著未來幾年中美貿易關係可能會進一步複雜化，而企業將需要更加靈活和創新的策略來應對這一挑戰。

這些企業的行動顯示出當勞侵當選後對全球供應鏈的影響，尤其是在中美貿易關係緊張加劇的背景下。企業必須迅速調整其生產和供應策略，以適應新的貿易環境，這可能會導致全球製造業格局的重大變化。

當勞侵 一直強調「美國優先」的立場，這種政策傾向於孤立主義和交易性外交，可能會進一步影響美國與其他國家的經濟和政治關係，導致美國與傳統盟友之間的緊張關係升級，尤其是在貿易問題上。當勞侵的當選預示著一個更加保護主義和不確定的全球經濟環境。這將要求企業在制定長期戰略時更加謹慎，以應對潛在的市場波動和政策變化。

中國願意跟當勞侵談判關稅，相信當勞侵的談判意願極低，他真的想打垮中國製造業。前文說過，中國想超越美國，想搶走美國的經濟和金融霸權。中國搞中國製造 2025 就是想在製造業雄霸全球。1990 年代，日本想超越美國，結果被美國打殘，經濟失落 30 多年。中國想超越美國，美國人無法容忍。美國選民選當勞侵擔任總統，其中一個目的是要對付中國。中國的結局應該和日本差不多。中國不應該跟美國再打一次貿易戰，應該以和為貴。

全球供應鏈發生變化，美國企業逐漸將生產基地從中國轉移到其他國家。中國的生產成本上升，包括勞動力和其他資源成本，使得中國製造不再像過去那樣具有價格優勢。相比之下，越南和印度等國家提供了更具競爭力的成本結構。例如，越南的人力成本僅為中國的一半，並且提供寬鬆的稅收政策和出口退稅優惠。

此外，中美之間的貿易緊張局勢也促使美國企業尋求其他合作夥伴。香港《國安法》的實施加劇了中美之間的政治摩擦，導致美國企業在中國和香港經營面臨更多限制。這些因素使得美國企業更願意在印度和越南等地開展業務，因為這些國家對外資持開放態度，並積極提供各種便利和優惠政策。印度和越南作為替代生產基地的吸引力不僅僅在於低廉的成本。這些國家也在努力改善基礎設施和政策環境，以吸引更多外資。例如，印度在特定產業如食品加工和化學製品上具有強大的競爭力，而越南則在製鞋和電子產品組裝方面更有優勢。這些優勢使得美國企業能夠更靈活地應對全球市場需求，同時減少對單一市場的依賴。

事實是，美國企業正逐漸將生產重心從中國轉移至其他亞洲國家，以尋求更低的生產成本和更穩定的經營環境。這一趨勢反映了全球供應鏈的不斷調整，以及企業在地緣政治風險下的策略性選擇。

中共不懂得跟美國人打交道。美國國務院認定被中國錯誤監禁的美國華裔牧師林大衛被囚禁 18 年後，2024 年 9 月 18 日獲釋。和氣生財是做生意的金科玉律。中國監禁美國認為不應該監禁的牧師，對中國有甚麼好處？ 應該將他驅逐出境或者來個囚犯交換，以免多生枝節。我明白中國強大啦，是個強國，不必給美國面子。但是，始終和氣才能生財。跟美國鬥氣，必定破財。中共可能不知道，美國真的想加徵中國貨 60% 關稅，讓中國陷入經濟危機和社會不安。

執筆時，香港多宗二手住宅物業蝕讓，賬面蝕幅 3 至 4 成，連使費和利息計，蝕超過一半。二手物業交易蝕幅超過 3 成是生死關頭，再惡化下去，不堪設想。中國和香港樓市水深火熱，中共港共應該暫時放下強國架子，暫時用懷柔手段應對國際形勢，特別是中美貿易。先賺點外匯處理好樓市危機再擺架子未遲。歐美政治重視利害關係，中共政治重視意識形態又愛面子，為了一點面子在外面大撒幣，將錢丟落鹹水海。我常說，中共內鬥內行，外鬥外行，跟美國鬥就完全不在行。用中共政治手段對待美國人，只會招惹不必要麻煩。

2024 年 11 月 20 日，美國務院強烈譴責 47 人案判刑，表示將對多名香港官員施簽證限制。駐港國安公署立即指責美國等少數國家為犯罪分子包庇張目。駐港公署對美國一輪臭罵之後，11 月 21 日，德州州長艾伯特聲明「德州與台灣站在同一陣線」及成立德州在台辦事處，下令德州機構盡快從中國全面撤資，以及禁止在華投資。德州是美國 50 州之中出口最多的地方，每年出口金額 4,440 億美元，多過加州一倍以上。美國的石油生產之中，一半來自德州。加州不停流失人口，德州人口不斷增加。大企業也選擇德州建立總公司，包括以浪抹屎的踢死慪。德州禁止對華投資對中國經濟有害無益，而且傷害相當大。只是一句「美國為犯罪分子包庇張目」，就令德州中斷中國和香港經濟往來又令德州跟台灣建交，是否值得？

不明白中共跟美國吵架有甚麼好處， 為何不用政治手段解決問題，硬要潑婦罵街那樣跟美國吵架？中共想打第二次中美貿易戰，當勞侵和魯比奧一定奉陪到底。中共吃了第一次中美貿易戰的大虧，還要再來一次嗎？ 再吵下去，說不定，當勞侵上台第一日就禁止所有美國人在華投資。

2.5 反美集團

看看世界地圖就會明白，俄羅斯、中國、北韓和伊朗聚在一起，包括歐洲、亞洲和中東。伊朗創立及支持加沙的哈馬斯、黎巴嫩的真主黨、也門胡塞武裝、敘利亞和伊拉克親伊朗武裝組織。中國劃南海九段線，在南海和非洲的吉布堤建立軍事基地。這個反美集團由亞洲東部一直延伸至歐洲及地中海。不擊破這個反對集團，日後必成美國心腹之患。

以前，美國害怕中俄聯合起來。美日韓台聯合起來組成第一島鏈圍堵中國至滴水不漏，是出於安全考慮。北約堵塞俄羅斯海軍的大西洋出口，第一島鏈堵塞中國海軍的太平洋出口，從東西兩邊圍堵中俄。要是中國找到島鏈缺口又讓俄羅斯軍艦使用中國港口通過島鏈缺口出海，控制太平洋的重要航道，美日韓台會很麻煩。

俄烏戰打了一千日，俄羅斯元氣大傷。美國不再害怕俄羅斯從太平洋那邊出海。美國支持以色列狂炸加沙和黎巴嫩，將伊朗的爪牙拔掉。以色列很快會消滅伊朗。俄羅斯和伊朗不再是美國心腹之患，地中海那邊也安全。圍堵中國成為最重要策略。中共堅持反圍堵，搞南海爭霸，通過南中國海繞過第一島鏈。

為了南海爭霸，過去十幾年，中國戰艦下水多至被稱為下餃子，還一口氣造了 3 艘航空母艦。

中共搞一帶一路，海陸兩路直通伊朗和俄羅斯。這樣做等同強迫美國對付中共。當勞侵加徵中國貨關稅是擊破反美集團戰略一部份。反美集團打剩中國的時候，中共應該調整一帶一路和反美集團的關係。可惜，中共沒有國際政治人才。俄羅斯和伊朗在漫長的消耗戰中消耗掉大部份國力，一帶一路和南海爭霸已經沒有意義，堅持下去，百害而無一利。

南中國海是重要國際航道，美國不會容忍中國控制南海。台灣是圍堵中國的重要部份，美國不能放棄台灣。中共在南海和台海跟美國角力，中美關係變成敵對。

從現實角度看，反美集團土崩瓦解，俄羅斯和伊朗在生死邊緣，孤掌難鳴的中國繼續跟美國爭霸只是自討沒趣。論國力和地理環境，中國都在不利狀態。中國的最大戰略失誤是未突破第一島鏈就將南海九段線納入中國版圖。這是未拜堂想先洞房，操之過急。

2.6 打落水狗

香港人常說：趁佢病，攞佢命。這句話的意思是打落水狗。

中國和香港經濟形勢極度嚴峻，跟落水狗差不多。中港融合之後，港人北上消費極為方便。由於北上消費便宜，香港零售和飲食業蕭條，舖租和舖價暴跌。商場劏舖、納米舖和衣櫃舖根本上不應該存在。2024 年 3 月，銅鑼灣廣場 30 平方呎劏舖成交價 8 萬元，持貨 19 年勁蝕 96%。2024 年 11 月 15，尖沙咀首都廣場兩劏舖各以 15 萬元沽出，原業主 11 年前以將近 900 萬元買入，成交價只有 15 萬。這個時候壯士斷臂，因為原業主看見市面蕭條，知道死場不能復生，於是萬念俱灰，含淚沽貨。

沒可能做生意的劏舖蝕光光合情合理，可以做生意的地舖等閒蝕三四成。2024 年 4 月，舖王鄧成波家族以 3,250 萬沽尖沙咀加連威老道 890 平方呎街舖，持貨 14 年蝕 2,430 萬元，虧損超過 40%。

鄧成波家族又以 1.65 億元沽出灣仔軒尼詩道 168 至 170 號煥然樓 2.24 萬平方呎全幢商住大廈，持貨 8 年勁蝕 1.38 億元，幅度 46%。

2024 年 9 月，被恒指踢走的新世界沽出元朗溱柏 6 間地舖，成交價 1 億元，呎價只有 4,100 元。地舖呎價 4,100 元，低過居屋呎價，甚至低過一些深圳地舖呎價。

舖價大跌，寫字樓，特別是甲級商廈售價亦跌個痛快。2024 年 10 月，金鐘力寶中心 2 座 2199 平方呎單位成交價 2,728 萬，原業主持貨 6 年蝕 67%，即是 5,552 萬元。2024 年，中區核心「超甲級寫字樓」租金每呎 95.8 元，較 2019 年 1 月高峰 166 元，跌 42%。整體甲廈空置率 11%，東九龍空置率最高，達 18.1%。

2024 年 11 月 27 日，合生創展以 21 億港元購入的中環中心 48、49 樓，劈價一半，10 億元求售。即使成功售出，蝕 10 億元。一宗甲廈買賣蝕 10 億，來個對折砍，極為恐怖，可以說血洗甲廈。若果買家議價或者沒有買家，蝕讓多少，很難說。合生於 2018 年買入時，呎價 43,500 元。中環中心呎價曾經低見 13,000 元，呎價只有買入價 30%。中環中心給我的印象糟透，老外看見它的外形設計想起斷頭台，華人看見會聯想起利劍穿心。不明白為何有這種大吉利是的甲廈設計。

寫字樓、商廈和舖位巨虧之外，住宅也出現大幅度蝕讓，由納米樓、居屋到豪宅，無一幸免。2024 年 5 月，曾經被譽為銅鑼灣「最高佣新盤」Yoo Residence 一房單位成交價 750 萬，持貨 11 年賬面蝕幅 52.2%，蝕 818 萬。

顯示香港樓價的中原城市指數在 2021 年 8 月是 191，2024 年 11 月跌至 138，跌幅 28%。跌幅 28% 是生死關頭，因為過去幾年摸頂買樓的人已經輸掉全部 3 成首期，物業在負資產邊緣。香港金融管理於 2024 年 10 月 31 日公布的 2024 年第 3 季末負資產住宅按揭貸款宗數為 40,713 宗，1 個季度爆升超過 1 萬宗。

香港經濟前景絕不樂觀，曾經是全球第一大貨櫃港口的香港，2024 年十人不入。香港旅遊業可以說水深火熱，反送中運動及疫情前的 2018 年，訪港旅客人數 6,500 萬人。2024 年 1 月至 8 月，訪港旅客只有 2,950 萬。從遊客數字看，香港不是太差，但是，實際情況是，數字包括大量大陸客窮遊香港。來自美加澳的遊客不足 200 萬人次。單是 2024 年 3 月至 8 月，少了高消費遊客，千多家做遊客生意的餐館關門大吉，高級酒店也陷入虧損。

經濟差，金融業更差。港股連跌三年，由 2021 年的 3 萬點跌至 2024 年的 19,000 點。券商和經紀投資虧損嚴重，大券商裁員，小券商停業。2023 年，32 家券商停業。2024 年首 11 個月，33 家券商關門大吉。2024 年首 3 季度，香港 IPO 上市公司 45 家，集資 556 億港元，從全球第 10 位升上第 4 位。單看 2024 年的香港 IPO 表現，令人誤以為香港 IPO 成績很好。2009 年開始，香港有 7 年時間位居全球 IPO 集資首位。2006 年和 2010 年的集資金額 3,278 億和 4,323 億港元。相比之下，2024 年 3 個季度只有 556 億港元，全球排名第 4，簡直是笑話。

香港經濟情況差，中國經濟情況更糟，鬼城遍地，民不聊生，地方債和民企頻頻爆煲。從經濟情況看，中國和香港沒有本錢跟美國打貿易戰，不應該打，也不可以打。反過來看，美國跟中港打貿易戰是打落水狗。如果美國拉攏歐洲、澳洲、加拿大等西方國家一齊跟中港打貿易戰，中港會輸得很慘。

對中港來說，最要命的事情不是經濟差，而是石油供應危機。俄羅斯和伊朗石油不用說了，當勞侵一定禁止俄羅斯和伊朗石油出口到中國去。沙地等中東國家的石油會受到中東戰火及伊朗封鎖賀姆茲海峽影響而停止出口。中國很可能要向美國買石油。當勞侵很可能實施對華出口石油關税。到時中國出口商品去美國，支付額外關税，進口美國石油也要付額外關税。

中共將國內的政治手段用於國際事務，經常踫釘子。特別是中共的政治掛帥完全不理會經濟利益，跑出去第一件事就是大撒幣，免費送基建兼送錢送大禮。

領導人說話經常一時衝動，想說甚麼就說甚麼，說了之後立即忘記。在中國，沒有人敢指責領導人開的空頭支票不兑現。在美國，事情可不是這麼簡單。當勞侵在賓夕凡尼亞州競選時說，4 年前，中國承諾購買 500 億美元農產品，至今沒有兑現。上任後，他會打電話給對家，跟他算算舊賬。

中共跟美國打貿易戰可以一時衝動，但是，事後收拾爛攤子可不是一時衝動可以做得到。當勞侵跟中港打貿易戰比上一任輕鬆得多，可以打了再說。中共要跟美國談判嗎？ 跟魯比奧談好了。

第三章

當勞侵的深仇大恨

3.1 伊朗

說伊朗是美國的頭號敵人絕不過份。伊朗和它創立的哈馬斯和真主黨，連同它支持的敘利亞、伊拉克和也門武裝組織全部都以消滅美國和以色列為目標，被美國認定為恐怖組織。伊朗做了世上最不應該做的事情，那就是企圖行刺美國候任總統當勞侵。2024 年 11 月 8 日，美國司法部起訴 3 人，罪名是參與伊朗陰謀暗殺當勞侵。法庭文件顯示，伊朗革命衛隊官員於 2024 年 9 月指示已經逃到伊朗的法哈薩克里 Farhad Shakeri ，7 天內訂立暗殺當勞侵的計劃。另外兩名被告是協助伊朗政府監視其他目標人物的美國公民。

當勞侵和伊朗的恩怨千頭萬緒，不知從何說起。2024 年 11 月 1 日，快將卸任的美國總統拜登宣布，延續美國針對伊朗的國家緊急狀態總統行政指令，2024 年 11 月 15 日起繼續生效。信不信由你，拜登在 2024 年延續的總統行政指令是花生總統卡特在 1979 年 11 月 14 日簽署生效。伊朗最有權力的伊斯蘭革命衛隊指揮官卡森蘇雷曼尼 Qassem Soleimani 多年來殺死數千名美國人和中東國家的人。共和黨的小布殊總統和民主黨奧巴馬總統曾經嘗試暗殺這位罪大惡極指揮官，但是不敢冒太大風險，刺殺蘇雷曼尼計劃始終沒有成功。

2019 年 12 月 31 日，當勞侵總統看電視新聞，數千名伊拉克示威者在伊朗指使下，因為美軍空襲真主黨而襲擊美國駐伊拉克首都巴格達大使館。當勞侵勃然大怒，即時下令獵殺蘇雷曼尼。美軍做事效率十足。

2020 年 1 月 3 日，蘇雷曼尼在巴格達國際機場被美軍死神無人機盯上。但是，路上有兩輛汽車，不知蘇雷曼尼乘搭哪一輛。當勞侵下令將兩輛汽車轟掉，全部格殺勿論。車內所有人被炸成焦炭，不要說死者難以辨認，連汽車也炸至無法辨認。憑死者手上的戒指才成功辨認蘇雷曼尼的殘缺不全焦屍。

伊朗最高領導人科米尼對蘇雷曼尼被殺感到十分氣憤，決定行刺當勞侵作為報復。伊朗暗殺當勞侵的計劃被美國 FBI 偵破，當勞侵更加憤怒，擔任總統之後一定要好好地修理伊朗。美國可以直接攻擊伊朗，也可以讓以色列打伊朗。伊朗早就是「人為刀俎，我為魚肉」，任人宰割，不收斂還要放肆。科米尼一定以為當勞侵膽小怕事，不敢消滅伊朗。伊朗恐嚇攻擊駐中東美軍，拜登增兵中東地區，包括戰艦、戰機和 B-52 重型轟炸機等。拜登對伊朗相當克制，要是當勞侵是總統，美軍早就向伊朗扔他媽的一百幾十噸炸彈，無論科米尼戴多少戒指也無法辨認他的屍體。

當勞侵做事和說話極為強硬而且無法預測。例如將美國駐以色列領事館搬到耶路薩冷，事實上承認耶路薩冷是以色列首都，開罪整個伊斯蘭世界。當勞侵最初說要將領事館搬到耶路薩冷，被很多人嘰為瘋人瘋語，不可能發生。結果，他真的將領事館搬到耶路薩冷。

同樣地，當勞侵威脅跟中國打貿易戰，沒有人相信他真的會打全面中美貿易戰。結局是真的打起來，而且打至天崩地裂。

2018 年 7 月 22 日，當勞侵擔任總統時在推特給伊朗最後通牒。

致伊朗總統魯哈尼：永遠，永遠不要再次威脅美國，否則你要承受後果，類似的後果是人類史上很少人經歷過。我們不再是容忍你的暴力及死亡瘋狂說話的家。你要當心！

2024 年，伊朗最高領導人科米尼可能忘記當勞侵的警告，再次威脅美國。2024 年 11 月 2 日，美國傳媒報導，伊朗最高領導人威脅就以色列的攻擊給美國及以色列「粉碎性回應」。科米尼找死找對門路。科米尼應該認真對待當勞侵的警告，否則一定死得很難看。

當勞侵和伊朗的恩怨給中國和香港經濟很大打擊，因為伊朗出口的石油之中，超過 9 成去了中國。中國進口石油之中，15% 來自伊朗。

2023 年，中國購買俄羅和伊朗石油節省了 100 億美元，因為俄羅斯及伊朗被歐美制裁，被迫賤價出售石油。伊朗被打殘之後，中國除了每年額外支付 100 億美元石油費用之外，中國與伊朗簽訂的 25 年合作計劃，向伊朗石油工業投資 4,000 億美元。失去這宗大買賣，中國產能過剩會進一步惡化。

3.2 香港

說當勞侵跟香港有仇恨，各位應該以為狂隆瘋了。我是不是瘋了，很難說，當勞侵確實跟香港過不去。2024 年美國總統大選，當勞侵力壓民主黨候選人賀錦麗，橫掃 7 個搖擺州。共和黨拿下參眾兩院，州政府選舉也是共和黨大勝。不要以為當勞侵的權力可以隻手摭天。總統的權力受制於國會。美國國會不在當勞侵控制之下，而是在茶黨掌握之中。當勞侵只是親茶黨，不是茶黨成員。因此，當勞侵起用茶黨黨魁魯比奧出任國務卿。有了魯比奧的支持，當勞侵才能權傾美國。

魯比奧既然是國務卿，當勞侵不能不跟他站在同一陣線。魯比奧一直支持香港反送中運動，警告香港特區政府要人道對待示威者。幾乎所有制裁香港法案都由他提出及推動。魯比奧因為香港及新疆問題被中共制裁兩次，被稱為反華鷹派。魯比奧反共，因為他的父親為了逃避共產黨統治而從古巴逃到美國佛羅里達州，成為美國的古巴難民。從古巴逃到美國的難民和他們的後代對共產黨恨之入骨，魯比奧也不例外。

美國政客反共是人所共知的事實，他們常說寧死不紅 better dead than red。美國政客的家人朋友之中，不少人死於共黨之手，包括韓戰和越戰。美國跟蘇聯打冷戰，跟伊拉克的共產黨薩達姆打了兩場海灣戰爭。共產黨是美國宿敵死敵。美國國會早就將中共和港共視為眼中釘，只是民主黨人太重視和平，不採取行動。2024 年 11 月 20 日，當勞侵還是候任總統，美國國會已經動手對付中共，國會的美中經濟與安全審查委員會 U.S.-China Economic and Security Review Commission,USCC 報告首次建議取消中國永久正常貿易關係及增加中國進口貨關稅。1978 年，中國改革開放之後，人均收入增加 25 倍，超過 8 億人脫貧。中國經濟崛起的主要原因是得到美國的最優惠國待遇，讓中國商品像缺堤那樣湧入美國。美國取消中國的最優惠國待遇，就是中國失去商品輸往美國的正常貿易關係。中國和香港經濟會全盤崩潰。當勞侵說在既有關稅之上加徵所有中國貨 10% 關稅，就是事實上取消中國最優惠國待遇。

加入世貿之後，中共沒有履行加入世貿時的承諾和責任。世貿讓中共賴著 15 年，全無作為。信不信由你，到了 2021 年，中國仍然在歐美取得「發展中國家」優待。2021 年 11 月，歐盟、英國、加拿大、土耳其、烏克蘭等 32 國取消中國貿易的發展中國家優待。中國國際貿易的佔人便宜手段很難讓外國人接受，美國當然強力反彈。

魯比奧的香港立場，除了反共，還有十分複雜的花旗茶黨和香港茶黨背景。這裡不說了。問題不是出在魯比奧的香港立場，而是中共因為香港特區政府鎮壓示威而跟魯比奧扯破臉，現在偏偏由他擔任美國國務卿。常言道，剃人頭者，人亦剃其頭。被美國制裁的李家超擔任香港特首， 美國新任國務卿正是中國制裁的魯比奧。

2024 年 11 月，當勞侵說要在既有稅率上加徵中國進口貨物 10% 關稅，而且不會像拜登總統那樣給機會中共走後門洗產地逃避關稅。中共一定要跟美國國務卿談判關稅卻遇上不能談判的國務卿。即使中共撤消魯比奧的制裁，魯比奧也不會有興趣跟中共談判。中共要跟魯比奧談判，一定要先處理好他對香港官員的仇恨，否則，加徵關税肯定跑不掉。

當勞侵要得到國會支持就要支持魯比奧，這就是美國政治。中共休想架空魯比奧，直接跟當勞侵談判關税。除了關税，還有香港駐美國經濟貿易辦事處關閉危機。説是危機並不為過，因為香港失去駐美經貿辦就是被美國割蓆，淪為普通中國沿海城市。關閉香港經貿辦議案由魯比奧及民主黨參議員默克利 Jeff Merkley 共同提出。魯比奧擔任國務卿之後，經貿辦會關門大吉已無懸念。同樣地，沒有談判門路。魯比奧的香港仇恨不除，香港很難跟美國有像樣的關係，對香港百害而無一利。

國參議院外交關係委員會主席賓卡丁 Ben Cardin 於 2024 年 12 月 9 日向美國國會提出，正式取消香港特殊待遇的 2024 年香港政策法案 Hong Kong Policy Act of 2024。法案包括由國務院推動香港民主、人權、平民安全和互聯網自由，包括為良心犯發聲。美國定期更新香港工商諮詢報告 Hong Kong Business Advisory，報告香港政府向美國公司提出的刪除內容或配合執法要求，為香港居民移民美國設立法律路徑，為目前居美的港人提供臨時保護身份。

卡丁説這法案支持港人未來能夠自由和有尊嚴地生活，以回應中國大陸和香港政府對香港自治和民主價值的侵蝕。美國在中共國內外與香港人站在一起。

3.3 俄羅斯

當勞侵説習近平是老朋友卻向老朋友下毒手，將中國經濟打個稀巴爛。所有人認為布丁和當勞侵是有私交的好朋友。同樣地，當勞侵向布丁下毒手。

布丁在拜登在任時發動俄烏戰爭，被烏克蘭人用美製武器打個底朝天。

執筆時，俄軍傷亡 70 萬人，戰車損失至博物館的古董戰車也送上戰場。俄羅斯在烏戰中每天燒錢約 10 億美元，俄羅斯經濟在崩潰邊緣。連中學生都知道，美國的經濟規模比俄羅斯大很多個碼。跟美國打長期消耗戰是布丁的重大失誤，布丁政權應該日子無多。

本來，當勞侵當選總統之後，布丁應該得到美國支持。當勞侵沒有支持布丁反而落井下石，迫俄羅斯割地換取俄烏停火。2024 年 11 月 20 日，路透社報導，布丁跟當勞侵討論烏克蘭停火協議，當勞侵要求烏語區屬於烏克蘭，俄語區屬於俄羅斯。這樣做等同要求俄羅斯放棄部份領土，布丁無法答應。當然，烏克蘭也要放棄部份領土。除了當勞侵的停火協議，布丁沒有其他下台階門路。

俄羅斯戰鬥力只剩下核武和洲際導彈，因此，布丁不停發出核戰威脅，期望歐美放他一條生路。2024 年 11 月中，當勞侵勝選成為候任美國總統之後，俄烏戰爭有望解決。布丁猛烈攻擊烏克蘭，期望拿到談判停火籌碼。還有兩三星期便離任的拜登總統竟然容許烏克蘭總統擲輪司機使用美國長程導彈攻擊俄羅斯。若果俄羅斯遭到美製導彈攻擊，布丁無力還擊，將會出現倒台危機。情急之下，布丁發出最嚴厲核戰警告，期望拜登給擲輪司機壓力，即使拜登開綠燈讓擲輪司機使用美製導彈攻擊俄羅斯也不要這樣做。拜登沒有給擲輪司機任何壓力，擲輪司機也不將布丁的核戰威脅放在眼內。

布丁發出核戰威脅之後 4 小時，烏克蘭用美製導彈攻擊俄羅斯，再用英法製造的暴風之影導彈轟擊俄羅斯。布丁沒有想過被快要落台的美國跛腳鴨總統咬一口，再被烏克蘭戲子總統踢一腳。拜登很想在離任前跟俄羅斯打核戰，一次過用核彈消滅中共國、北韓、伊朗和俄羅斯。

布丁想打核戰，拜登求之不得。布丁不打核戰就無牌可打而且十分丟臉，不還擊和扯白旗沒有分別。布丁扯了白旗，當然無法控制大局，民怨早就沸騰，即使布丁不倒台也會氣死。布丁向烏克蘭射核彈是找死，於是向烏克蘭射洲際彈道導彈。

俄羅斯陷入困局，偏偏這時候伊朗最高領導人科米尼陷入昏迷，很快去見真主。布丁當然知道內塔會趁機會滅掉伊朗政教合一政權和摧毀伊朗核武。打擊核武設施是核戰，而且以色列早就打了。布丁不打核戰，美國和以色列會打。

布丁舉目無親，只有北韓肥仔金一隻爪牙，中共維尼不給布丁面子也不給銀紙。布丁竟然跑去訪問印度尋求印度支持。老實說，印度哪有能力支持俄羅斯，一定是布丁急瘋了。結論是，布丁完了，俄羅斯完了。

3.4 民主黨

當勞侵在任時曾經被彈劾。競選總統連任失敗後，慘被民主黨人打落水狗，官司纏身。他的政治和非政治敵人多如牛毛，遭受到的攻擊多過老舉行房。當勞侵寡不敵眾，卸任後的 2024 年 5 月 30 日，法庭判決當勞侵為了在 2016 年大選期間為了避免醜聞，通過律師支付 13 萬美元掩口費給色情片艷星 Stormy Daniels 犯了刑事罪行。他是美國史上第一個被彈劾和第一個被判刑事罪行的總統。

當勞侵和民主黨人本來就合不來，雙方的恩怨在 2021 年 1 月 6 日大爆發。當勞侵敗選之後，他的支持者在國會大樓示威反對國會確認 2020 年大選結果。事件演變成暴動，資深民主黨議員及眾議院發言人蘭茜佩諾茜差點沒命。暴動後，她全力支持第二次彈劾當勞侵。

當勞侵當然想對付民主黨，特別是佩諾茜。2024 年大選，民主黨敗選但是沒有被打殘。當勞侵在全部 7 個搖擺州打敗賀錦麗，共和黨在國會參眾兩院得到大多數。當勞侵贏得 312 張選舉人票，賀錦麗只有 226 票，差距確實相當大。可是， 奧巴馬在 2008 年大選獲勝時得到 365 票，連任時的票數是 332。初步點票結果顯示，當勞侵的總得票率應該在 50% 以下。民主黨要在當勞侵任內扯他的後腿，一點也不容易，但是，不是不能做到。

2024 年 11 月 26 日，民主黨的加州州長紐森反擊當勞侵的停止電動車稅務優惠政策。他說，聯邦政府不支付電動車稅務優惠，加州納稅人支付。他還說，所有電動車得到優惠，只有踢死嘭例外。很難想像外國電動車有稅務優惠，美國電動車沒有。加州財政赤字 20 億美元，沒有財政能力支付電動車稅務優惠。

紐森的攻擊對像不是只有當勞侵，連支持當勞侵的以浪抹屎也遭到池魚之災。民主黨眾議員魯簡那 Ro Khanna 公開反對不給踢死乸電動車優惠。他説，踢死乸在他的選區加州費蒙 Fremont 僱用 2 萬人，生產 50 萬輛電動車。要留住踢死乸在加州廠房就不要跟以浪抹屎吵架。

加州將會在 10 年內禁止銷售內燃機汽車。到時加州要進口更多電力。現在加州用電之中有部份來自加州以外。歸根究柢，加州為了防止空氣污染而設立很多發電廠限制令到加州發電不足。全面採用電動車卻不增加發電量，民主黨人好像做事不合邏輯，總之逢侵必反。

當勞侵的政治死結太多，而且他跟茶黨，即是共和黨內保守派的關係也不是很好。他任命茶黨黨魁魯比奧擔任國務卿就是想穩定與茶黨的關係。當勞侵跟親中的以浪抹屎關係良好，任命他領導政府效率部（非政府部門）。當勞侵的團隊既有親中亦有反中。

徹底打死民主黨的最佳方法是打擊民主黨的核心思想，即是打殘左膠思維令民主黨永不超生。民主黨人認為和平最重要，對待中國的態度以避免衝突為主。中共明白民主黨思維，因此中共給美國民主黨劃下 4 條紅線，第一條紅線就是台獨。渴望和平的民主黨當然不支持台獨。民主黨總統拜登曾經多次公開聲明不支持台獨。在香港問題上，民主黨亦是避免衝突。民主黨總統愛接見自由派外國人，包括李柱銘、黃之鋒、黎智英等人。可是，見見面，拉拉手，討選民歡心之後，除了宣傳，沒有任何實際動作。看看達賴喇嘛就知道美國民主黨的左膠思想如何了不起。達賴喇嘛得到美國民主黨支持數十年。到了現在，除了見過奥巴馬在內多位總統，他甚麼事情都做不到。達賴喇嘛在美國民主黨支持下，政治生涯原地踏步數十年。

拜登向以色列及烏克蘭提供大量軍援及經援，卻沒有直接介入戰爭。民主黨選民反戰，民主黨總統當然不能開戰。即使只是提供武器給烏克蘭和以色列，仍然引發左膠不投票給賀錦麗作為報復。

這樣的避戰態度被布丁和科米尼等人視為軟弱，可以欺負。因此，民主黨的拜登總統上台後，俄羅斯打烏克蘭，哈馬斯打以色列，習近平吞併南海，戰火燒個不停。如果當勞侵上台之後，天下太平，證明左膠和平主義帶來戰爭，共和黨好戰反而帶來和平。失去和平主義的民主黨就是失去靈魂的政黨，不改革的話，以後很難存在。

俄烏戰爭打了 1,000 日，很難想像這場消耗戰會永遠打下去。俄烏都想結束戰爭。當勞侵很容易了結俄烏戰爭，因此他揚言可以在 24 小時之內結束俄烏戰爭。以色列早就消滅了哈馬斯和真主黨，只要重擊伊朗，將伊朗的核武設施打個稀巴爛，伊朗政權不再存在。那就是說，當勞侵很容易結束兩場民主黨管治時期開始的沒完沒了戰爭，讓世人看到左膠和平主義行不通。

單是解決戰爭還未夠，當勞侵可以用強硬態度解決台海危機。美國國會立法支持台灣，國會議員跟台灣現任和前任總統密切交往。説「中國是決定本世紀是個甚麼樣子的威脅 China is the threat that will define this century」的資深國會議員及候任國務卿魯比奧，因為香港及新疆問題被中共制裁兩次。魯比奧視中國為敵對國家，對中國的態度極為強硬，絕不妥協。他提出多條支持台灣法案。

魯比奧於 2022 年提出 2022 年通過力量的台灣和平法案 Taiwan peace through strength act of 2022，加速台灣軍售和改善美台關係，美國在台灣遇襲時出兵保護台灣及每年提供 20 億美元軍備援助給台灣。當勞侵在國會全力支持下，可以順利地在某程度上承認台灣，踩中共劃下的紅線。這麼一踩，台灣危機永遠解決。2025 年是美國踩中共紅線的最佳時機，因為中國海空軍仍然未有能力跟美國一決高下，甚至沒有把握拿下台海，攻打台灣就更加不用說。俄烏戰爭證明中國使用的俄式防空系統無法反制美國的戰機和導彈。台灣戰機可以隨意攻擊中國本土。台灣可以用以色列防空系統攔截中國導彈。共軍登陸台灣的話，台灣可以用美製肩托導彈打爆共軍的戰車。美國參戰的話，戰事會一面倒。

民主黨在選舉中慘敗，因為左膠思維太過份，經濟搞得太差，移民政策亂來，種族主義太強烈。拜登獲得民主黨提名為總統候選人之後不久，民主黨知道左膠因為拜登提供軍援給以色列轟炸加沙而不支持拜登。民主黨政策一團糟，包括痛恨警察和邊境守衛，熱愛非法移民。三藩市治安惡化至不宜人類居住，非法移民和露宿者問題極度嚴重。黑人女市長倫敦必 London Breed 卻減少警察撥款，相信她以為警察才是治安問題根源。倫敦必被撤職，換上丹尼路以 Daniel Lurie。治安惡化又減少警察撥款不是三藩市的獨特問題，而是所有民主黨城市的問題。

民主黨人認為拜登做得不夠，民主黨左膠思維迫他退選，由不夠黑的黑人女副總統賀錦麗參選。這是急就章，草草行事。錯得更離譜的事情是不讓白人克林頓助選，由黑人奧巴馬全力助選。一邊幾乎全黑，一邊幾乎全白；一邊幾乎全男，另一邊幾乎全女。2024 年大選的選民面對黑人和白人的抉擇，也是男與女的抉擇。黑人人口只佔 13.7%，女性投票率超低，民主黨將大選變成黑白種族和男女性別抉擇，註定失敗。民主黨全盤失敗，白宮和參眾兩院全部落入共和黨手中。這時候，美國為世界帶來和平，解決台海危機和移民問題，完全是共和黨的功勞，完全是民主黨的失敗。當勞侵不會放過這個天掉下來的黃金機會，揚名立萬，打垮民主黨差不多是不勞而獲。

第四章

經濟死門

4.1 虛幣熱潮

投資者對當勞侵當選有很大反應，他還未上任，比特幣一下子直衝 10 萬美元。他當選前 1 日，2024 年 11 月 5 日，比特幣價格是 6 萬 8,000 美元，11 月 23 日，突破 9 萬 9,800 美元。比特幣狂　，因為投資者認為當勞侵會放鬆對虛幣的監管及美國財政赤字失控令美元受壓，投資者放棄美元買比特幣避險。

Bitwise 首席投資主任 Matt Hougan 認為比特幣在 2025 年升至 50 萬美元。前推特 CEO 積多斯 Jack Dorsey 和 Ark Invest 的行政人員 Cathie Wood 姬迪活預測比特幣在 2030 年之前衝破 100 萬美元。

除了主要虛幣爆升之後，低認受性虛幣 Meme coins 的市值也在當勞侵當選後 1 星期爆升 150%。從市場走勢看，虛幣確實有機會升上百萬美元。

從另一角度看，虛幣升勢可能只是大戶玩推高掟貨把戲圈散戶傻錢。2024 年 1 月，比特幣由 4 萬爆升至 7 萬。這一波升勢比當勞侵當選的升勢更加強勁。11 月，再由 7 萬升上 10 萬。

如果說當勞侵上台之後放鬆對虛幣的監管令虛幣升值，那麼，1 月那次爆升從何而來？美國財政赤字失控令投資者放棄美元買比特幣避險就更加說不通。當勞侵當選的時候正值美元強勢而且美國財赤失控已經幾十年，現在才買虛幣避險會不會思覺失調。

我認為，虛幣爆升的主要原因是核戰危機令投資者買美元資產避險，不是因為當勞侵當選。大鱷趁著當勞侵當選大撈一票而已。美元資產升至一塌糊塗，樓價升至無厘頭令美國人無法負擔，滿街露宿者。股價也升到不合理水平。在美國，投資門路大塞車。拿著美元要投資，真的無處下手。虛幣變成唯一投資門路，也是大鱷圈錢的唯一門路。

投資暢銷書《富爸爸，窮爸爸》作者羅伯特清崎 Robert Kiyosakiy 於 2024 年 11 月 24 日公開說認同比特幣；持倉量霸主微策略 MicroStrategy 創辦人 Michael Saylor 上看 1,300 萬美元。他亦證實自己擁有 73 枚比特幣。各位有沒有覺得比特幣 1,300 萬美元的預測是天方夜談？虛幣其實是沒有實物支持的金融玩意，玩到 1,300 萬美元，實在玩得太大。虛幣神話很容易變虛幣笑話。

這樣的形勢，投資者買虛幣避險很可能變成買虛幣遇險。核戰危機一旦結束或者真的爆發核戰，虛幣會立即被打落神壇，價值歸零也有可能。另外，美國政府不會容許虛幣取代美元，奪走美元霸權。還有更重要一點，虛幣被貪官和毒販用來洗黑錢，被俄羅斯、伊朗及北韓用來繞過美國制裁及擾亂全球金融秩序。美國要打擊伊朗和北韓，先要打擊虛幣。

當勞侵當選的其中一個原因是美國人不滿樓價上升太多，搞至民不聊生。美國樓價再升上去，美國人受不了，必然爆發社會不安。放鬆對虛幣的監管，可以讓避險熱錢流入虛幣市場，暫時壓止樓價升勢，讓美國平民鬆一口氣。這樣的情況只是過渡性質，虛幣只是用後即棄的金融工具。

4.2 投資市場反應異常

事反必有妖，投資市場反應異常不是好事。根據市場走勢判斷，投資者不相信當勞侵真的徵收 60% 對華關稅。如果投資者相信當勞侵言出必行，美國股市應該崩盤，虛幣不是上衝 10 萬美元，而是下探 1 萬美元。

美國疫情危機越來越嚴重，禽流感、變種猴痘、百日咳和結核病等傳染病一齊湧出來。氣候轉變令極端氣候頻頻發生。執筆時，加州仍然受到炸彈氣旋衝擊，狂風暴雨，水浸塞車。俄烏戰爭和以伊戰爭可能演變成全面核戰，全球財赤和國債失控，金融體系隨時崩潰。這麼多危機之下，美國股市和虛幣爆升，樓價升至美國人無法負擔仍然上升。當勞侵説徵收中國貨 60% 關稅的時候，投資者竟然完全忽略這樣做對全球經濟的打擊。他改口向中國進口貨物在現有税率上加徵 10% 關稅，投資者仍然沒有反應。美國失去中國貨，可以買印度貨和越南貨，中國失去美國市場就沒有替代市場。中國只能降低人民幣匯價搶市場。這麼一減，全部發展中國家貨幣跟著貶值。美元變相不停升值。發展中國家通脹上升，資金流向美國，弱貨幣更加疲弱。全球經濟陷入大混亂，貨幣匯率波動太大，商品價格狂飈暴跌，投資者爆發恐慌。

最了不起的股市是香港，當勞侵說徵收中國貨 60% 關稅，中國出口暴跌，香港股市 7 成以上是中資股，竟然沒有恐慌性拋售。香港散戶應該好好地檢討一下。

我認為投資者忽略危機及不避險的主要原因是當勞侵會減稅減息刺激經濟令股價樓價爆升。投資者完全不理會美國財赤失控、通脹太高和資金無處發洩，只著眼於減稅減息。減稅減息消息一出，不論是真是假，是好是壞，投資者第一時間撲入股市搶貨，立即落訂買樓，連物業在哪裡也不理會，買了再說。這樣的投資文化已經深入民心，沒法改變。大鱷只要放風減息，股價立即爆升，萬試萬靈。奉勸各位，入市之前先看看價格是否合理，物業是否有用。高價買入沒用的納米樓衣櫃舖是破產最快門路。高價買長期虧蝕又資不抵債上市公司股份和丟銀紙落鹹水海沒有分別。恒大股票有人買就是很好例子，我看到很多投資者應該避險的危機卻看不見投資者應該入市掃貨的理由。有些人因為誤會而結合，因為了解而分手。這次當勞侵當選，投資者因為誤會而投資，因為了解而破產。

4.3 高科技產生裁員失業

當勞侵的重要政策是放寬高科技發展的限制。以浪抹屎擔大旗給當勞侵建議應該如何撤掉阻礙科技發展惡法和行政程序。這樣做會加速高科技發展包括全自動駕駛計程車和人工智能。這些取代人類工作的高科技一直受到美國政府行政限制，因為美國無法解決高科技帶來的失業問題。廣泛使用電動車造成大量油站和修車工人失業。自動駕駛會令 600 萬美國人失業。人工智能取代程式編寫員、醫生、律師和美術人員等專業人士工作，造成由低層至高層全盤通吃的大面積失業。失去工作的人無法供樓，樓價會跟著暴跌。失業變成金融問題。未有良策解決失業問題之前，美國不會放鬆對高科技的限制。當勞侵當然沒有解決失業問題的方法，突然加速高科技發展造成大量人口失業。他的處理方法是驅逐非法移民，將工作職位交給失業的美國人。可是，職位和就業需求錯配，美國人不想做非法移民的工作。非法移民全部離開美國，美國也不會有足夠「合適」工作機會。

高科技行業裁員潮此起彼落。2023 年，亞馬遜裁員 27,410 人；Meta 即是臉書裁員 21,000 人；谷哥裁員 2,115 人；微軟裁員 11,158 人。2023 年，高科技公司裁員總數超過 26 萬人。2024 年，裁員情況惡化，384 家高科技公司裁掉超過 12 萬人。各大公司裁員動不動就是總人手的十個八個巴仙。戴爾電腦裁掉總人手的 20%，Intel 15%，Cisco 12%，踢死屻也裁掉總人手的 10%。

這些令人吃驚的裁員事件發生在美國限制高科技發展，阻止高科技取代人手的時候。要是美國放鬆對高科技發展的限制，後果不堪設想。當然，高科技取代人手是時代巨輪行走方向，但是，未有方法解決失業人口問題之前，不能輕舉妄動。當勞侵偏要輕舉妄動。

高科技公司裁出來的工人都是高薪專業。專業的意思是專門知識和技能用不著的時候失業很難找到別的工作。以狂隆為例，持有醫療傳譯員認證。高科技翻譯取代傳譯員的時候，沒有機會找到其他傳譯員工作，因為醫療傳譯員工作太專業。幸好狂隆一把年紀，早就退休。對於計程車司機來說，工作被自動駕駛電動車取代，沒有辦法找到其他工作。因為他們能夠做的工作太少，失業人數太多。美國人換輪軚大都坐在地上操作，因為蹲不下來。即使蹲得下來也站不起來。非法移民留下來的工作空缺，美國人無法勝任，例如在農場摘漿果，看看美國計程車司機的平均體型就知道他們無法蹲下來摘漿果。有些人像狂隆那樣文弱不堪，恐怕捱不到一天就會在農場熱死累壞。

美國的大商家心地不好，採用的高科技主要用於取代低薪工人的工作，不是用來做人類無法做得來的工作。高科技發展朝著大商家的需要發展。相信很快，人類沒有工作可做，連賣淫也被人工智能機械人取代。請想想，如果你的工作被高科技取代，你的日子怎樣過？

4.4 美國中產大災難

美國返貧速度極快，2024 年，美國人口之中，一半人的來往戶口結餘不足 500 美元。26% 美國人完全沒有積蓄。支薪日才有錢買糧食和交租。美國中產也跟著其他人一起返貧。美國中產大災難早就發生，與當勞侵 2024 年當選沒有關係，但是和他上次擔任總統有點關係。中產的意思是家庭收入在收入中位數 66% 至 200%。2024 年，年收 6 萬至 18 萬的美國家庭被視為中產。65% 美國中產出現財政困難。主要原因是工資沒有上升，物價和生活必須開支大幅度上升。另外，中產是繳稅比率最高的一群。窮人不必交稅，也沒有能力交稅，富人有很多方法避税，大都不必交税。中產承擔幾乎全部納稅責任。1971 年，61% 美國成年人活在中產家庭。2021 年跌至只有 50%。同一時期，低收入人口由 25% 上升至 29%。

看數字令人不明白中產階級大災難，越看越糊塗。不看數字，讓各位了解一下美國中產如何悲慘。1970 年代的美國中產有自置居所，妻子不到外面工作，全心全意照顧家庭。一個男人工作可以養活一家 4 口，還有錢和時間出國旅遊。當時，美國遊客是香港街景一部份。天星小輪和電車上，一定看見美國遊客。因為當時我在灣仔讀中學，穿著校服，經常被遊客抓著問路。這些遊客說話操美國口音，聽來像荷里活電影對白，覺得跟他們說話挺有趣。

在過去幾十年中，出外旅遊的能力一直被視為一個國家中產階級經濟狀況的指標。例如，1970 年代的香港吸引了大量美國遊客，這反映出當時美國中產階級的經濟實力。到了 1980 年代，日本遊客數量激增，顯示出日本經濟的快速崛起。這些旅遊趨勢不僅反映了國際間的經濟互動，也揭示了各國中產階級的消費能力和生活水平。

進入 21 世紀後，美國中產階級的經濟狀況發生了顯著變化。2002 年移民美國時，許多家庭在住宅區擁有私人小艇和房車，這表明當時的生活成本相對較低，尤其是基本生活用品如汽油和牛奶的價格非常實惠。彼時，美國中產家庭通常依賴單一收入即可維持全家生計。然而，到 2024 年，情況已大不相同。在加州灣區等地，中產階級家庭面臨嚴峻的經濟挑戰。儘管 10 萬美元的年薪被視為中產，但在矽谷這樣的高成本地區，即便兩人共同工作也難以負擔房屋貸款或租金。加州房價持續上漲，中位房價接近 91 萬美元，使得購房成為中產階級難以達成的夢想。

此外，生活成本的上升使得中產家庭無法像過去那樣頻繁出國旅遊。他們不得不選擇開車到附近城市短途旅行，而非昂貴的國際旅行。這種情況與 50 年前相比顯得格外諷刺，當時即便是低收入家庭也能享受更高水平的消費和旅遊。美國中產階級如今面臨著收入增長緩慢、生活成本上升以及財務壓力加大的困境。這種情況不僅影響了他們的消費能力，也改變了他們對未來財務安全和生活質量的預期。隨著全球經濟環境的不斷變化，中產階級如何適應並維持其經濟地位將成為未來的重要課題。

當勞侵的政策對中產階級的影響是複雜且具有爭議性的。當勞侵的稅收政策，包括延續《2017 年減稅和就業法案》（TCJA），目的在降低個人和企業的稅負。這些措施被認為可以提高美國的經濟競爭力，並促進中產階級家庭的收入增長。然而，這些減稅措施對不同收入群體的影響不均。根據 Tax Policy Center 的分析，最富有的 1% 家庭獲得了最多的稅收優惠，而中產階級和低收入家庭獲得的好處相對較少 6。

當勞侵提出對中國商品徵收高達 60% 的關稅，以及對所有進口商品徵收 10% 至 20% 的普遍關稅。這些關稅可能會導致進口商品價格上漲，從而增加美國消費者的生活成本。根據彼得森國際經濟研究所的估算，這些關稅可能使典型中產家庭每年增加約 1,700 美元到 2,600 美元的支出。因此，儘管減稅可能為中產階級帶來一些短期利益，但隨之而來的物價上漲可能會抵消這些好處。

當勞侵又承諾不削減社會保障和醫療保險等福利計劃，這對依賴這些計劃的中產和老年群體來說是一個積極信號。然而，他的大規模減稅和增加關稅政策可能會加速社會保障基金的資金短缺問題，進一步影響未來福利支付的穩定性。當勞侵的政策在某些方面試圖支持中產階級，但其整體效果因關稅引發的物價上漲而被削弱。此外，他的減稅政策主要惠及富裕階層，使得中產階級在實際經濟利益上獲得有限。

中產是美國的最重要經濟支柱，他們提供服務和繳稅，對社會貢獻很大。在美國政制之下，沒有中產，富人不會存在。中產情況繼續惡化下去，美國經濟不全盤崩潰也會爛至難以想像。當勞侵沒有想過拯救中產，只想著減稅減息催谷資產泡沫。現在的中產買不起住宅，再催谷樓價，恐怕中產連租金也無力支付。幾乎所有當勞侵的經濟政策都是不利中產，亦即是不利經濟。

4.5 環境大災難

當勞侵的政策之中，環境政策最令我不滿。他認為全球升溫，氣候變化是自然現象，減排是多餘。2017 年，他剛剛擔任美國總統就決定退出減少排碳的巴黎協議。2019 年，美國宣佈退出巴黎協議，2020 年生效。這樣做等同將人類推上死路。看看全球極端氣候就會明白，不減排就會出現電影《明日之後》的全球冰封場面。

中國和印度排碳量驚人，特別是印度。北印度空氣污染是全球最嚴重，學校停課，泰姬陵隱沒於毒霧之中。空氣充滿灰燼味道，在戶外停留一會就會吸入大量有害微粒，北印度進入醫療緊急狀態。首都德里空氣污染嚴重至天空變成灰色，24小時空氣品質指數 AQI 平均值為 488，峰值 491，部份地區去到 500。 401 代表嚴重至對人體健康構成風險。

中國和印度的空氣污染從何而來？歐美從中國購買大量廉價商品等同向中國輸出空氣污染。製造業必定產生噪音、空氣和水源污染，特別是中國和印度等貪污嚴重，監管不嚴的國家。美國切斷中國的供應鏈，將部份訂單轉到印度。那就是將空氣污染向印度大量輸出。

當勞侵的口號是「美國再次強大」和「工作回到美國」。利用加徵關稅將部份製造業搬回美國，確實做得到。美國有頁岩油和天然氣等能源，不發展製造業就很難消化這些能源。有些地區不開採天然氣的主要原因是開採出來無處可用，送到外面去的運費高過天然氣價值。發展製造業可以就地使用天然氣，用低能源成本爭取商業利益。頁岩油有經濟價值，但是，開採頁岩油和天然氣有相當嚴重的環境污染。美國發展製造業就是發展空氣和水源污染。現在的環境污染和氣候變化已經糟透，再糟一些，恐怕人類受不了，地球伯伯也受不了。

當勞侵讓美國再次強大的做法是放寬環境污染的限制，加速高科技和製造業發展。美國再次強大的時候，全球氣候轉變也會再次強大，將人類推向滅亡。核戰危機可以用外交方法，甚至戰爭解決。空氣污染和氣候轉變是死症，無藥可醫。請看看水源污染對人類的影響如何嚴重，在發展中國家，因為水源污染，每 20 秒就有一名兒童死亡。空氣污染每年殺死 700 萬人。

事實就是中國和印度的環境污染來自美國訂單，美國人的消費產生污染和死亡。限制美國人消費和減排是正道，鼓勵美國人消費是下策。

4.6 反共情緒高漲

美國人本來反共，寧死不紅。中國人的每一項搞作都惹來美國人不滿，包括輸入美國的低劣中國貨，中國製造不合規格輪軚引發多宗死亡交通意外。中國向美國輸出大量止痛藥吩坦尼 Fentanyl 引發吩坦尼危機。

以前的唐人街有黃賭毒，龍蛇混雜等問題，但是，和美國其他社區相比，也沒有多大分別。2010 年開始，中國人民大量湧入美國唐人街，店舖招牌改成簡體字，同鄉會插上五星旗和大紅燈籠，相當招搖。

2020 年 10 月，當勞侵正在忙著競選連任的時候，美國移民局宣佈拒絕受理共產黨或其他極權主義政黨的黨員及共黨成員申請移民。矛頭直指中國共產黨。香港親中派（包括港工聯會和民建聯）和港澳政府官員即使不是共產黨員也被看成中共成員。香港親共人士想移民美國會有很大困難。拿美國綠咭和入籍宣誓時要聲明自己從來不是共產黨員。申請入籍時隱瞞共產黨員身份的最高刑罰是監禁 5 年罰款 25 萬美元。那些加入唐人街插著五星期的甚麼同鄉會和聯誼會的人，想綠咭續期或者申請入籍，相信會有問題。直接一點說，共黨國家反美，美國反共。站在中共那邊，最好居住在中共那邊。

2023 年 4 月，美國執法人員搗破紐約曼哈頓唐人街的中國秘密警察站，拘捕 61 歲的盧建旺和 59 歲的陳金平。盧建旺協助中國進行鎮壓異見人士活動，強迫被中國通緝的人返回中國，威脅及監控境外的中國公民。

中國駐美大使館說，這些涉僑事務海外服務站協助海外中國僑民更新駕駛執照等事務。美國司法部認為中國在紐約開設海外警察站是侵犯美國主權。事件揭發之後，中共在美國的形象更加惡劣。

唐人街的金山阿伯少見世面，我曾經在加州某飯局被唐山大哥嚇了一跳。他當眾說自己在加州執行公安任務，還將中國公安高幹給他委任狀的照片給我看。老天爺，美國人擔任外國代理人要得到許可。我問他有沒有在美國註冊為外國代理人。他說人民政府已經給他委任證，不必美國同意。我嚇至立即離開飯局，連拜拜也省掉。美國的華人同鄉會及僑領大都有中共背景，對美國人來說，很難接受，特別是那些中國海外警察站。

2024 年 05 月，擁有包括粵籍、閩籍、江浙滬等超過 200 個僑團會員的美東華人社團聯合會 United Chinese Associations of the Eastern United States Inc. 註冊為外國代理人，受到美國司法部監控。這些僑團的成員會被視為中共成員或者擁共份子。因此，拿著綠咭在美國居住的人加入僑團時要三思而後行。有意移民美國的香港人，加入親中團體時也要細心考慮。

除了在美國插五星旗和成立海外警察分局之外，很多中國人在美國搞中國式走後門和洗黑錢活動。例如中國著名導演英達於 2011 年 4 月至 2012 年 3 月和妻子將 46 萬美元現金分 50 次存入他們在美國 4 家銀行開的 6 個戶口。英達以為每次存入現金低於 1 萬元就不必申報。英達被控故意瞞報金融交易和分拆現金交易。英達與法庭達成和解協議，凍結及補交稅款共 29 萬美元。

2024 年 11 月 18 日，美國多家電訊大公司主管就中國黑客進入一些美國電訊公司系統，盜取美國執法機構的監控資料一事在國會作證，包括谷哥控股公司 Alphabet 的全球事務總裁 Kent Walker、Meta 的全球事務總裁 Nick Clegg、微軟總裁 Brad Smith。參議院情報委員會主席馬克華納 Mark Warner 說，這是美國史上最惡劣的通訊黑客事件。

關於中國的負面新聞不停出現，美國政壇籠罩在反中國情緒之中。當勞侵對中國態度強硬是他當選和得到共和黨支持的原因之一。2024 年，美國沒有政客站出來為中國說一句好話，甚至很多政客拒見為中國做事的説客。任何人有中共背景都被説成美國敵人。

2024 年 5 月，超過 20 名中國留學生入境美國時，學生簽證被註銷及被遣返。6 月，4 名赴美留學及參加學術會議的中國理工科學生被美國海關和邊境保護局人員盤查和遣返。執法人員特別關注他們的黨員身份。雖然這是拜登政府時期的事情，但是，當勞侵很難改變既成事實。因此，他只能繼續拜登的反中國路線而且做得比拜登更加激烈。當勞侵上台之後，中國人要拿個簽證去美國留學，如果不是去美國讀美術或者文學，拿到簽證的機會不大。期望當勞侵上台之後會改善中美關係的想法不切實際。他繼承了反中國情緒高漲的美國政府。美國傳媒和政治團體的反中國態度越來越明顯，應該無法逆轉。

對香港來説，美國的反中國情緒直接影響美資對香港的興趣。美國遊客因為美國國務院發出的旅遊警示而不去香港，商人也避之則吉。香港失去美國市場和美國遊客，當然也失去歐洲遊客和市場。這麼一搞，香港的負面形象很難洗掉，長期下來，香港經濟會受到嚴重傷害。要破壞港美關係，很容易，説幾句話就可以了。要改善港美關係，難比登天。這個道理，希望香港人明白。

第五章

當勞侵的打擊對象

5.1 匯豐銀行

當勞侵要嚴厲制裁俄羅斯和伊朗，除了阻止俄羅斯和伊朗出口石油，還要阻止他們在金融體系秘密洗黑錢活動，矛頭直指匯豐銀行。2024 年 11 月 25 日，當勞侵當選後，還未上台，滙控宣佈停止處理來自俄羅斯或白俄羅斯個人銀行客戶付款。匯豐在 2024 年 5 月退出俄羅斯商業銀行業務，只是做得不夠乾淨，拜登又不理會。匯豐叫停俄羅斯和白俄的個人銀行客戶付款，好過當勞侵叫停。匯豐早知自己在當勞侵的打擊名單之中。

2020 年 9 月，當勞侵擔任總統時期，美國財政部的監管金融犯罪機構外洩機密文件，當中有文件顯示滙豐涉嫌將可疑款項經美國轉帳到香港戶口。涉及可疑活動的銀行還包括德意志銀行、摩根大通、美國銀行和渣打銀行。當勞侵早就想打掉匯豐以除後患。2020 年 9 月，他忙於競選連任和其他事情，暫時擱下對匯豐的行動。想不到他競選連任失敗。

過去 20 多年，對匯豐的洗黑錢指控沒完沒了，官司一宗連一宗。拜登上台之後，對伊朗的態度極為寬鬆，完全不理會伊朗繞過制裁和匯豐洗黑錢等問題。2023 年 9 月，拜登跟伊朗達成協議，解凍在韓國銀行被凍結 60 億美元伊朗資金，換取伊朗釋放 5 名被囚美國公民。伊朗拿到這 60 億美元，立即資助哈馬斯對付以色列。2023 年 10 月 7 日，哈馬斯屠殺千多名以色列人，引發以哈大戰，加沙淪為無原爆廣島。

2004 年，美國的 911 調查委員會報告顯示，拉吉哈銀行 Al Rajhi Bank 及其中多位高層涉及恐怖組織融資活動。2009 年，匯豐美國授權匯豐香港為拉吉哈銀行開設戶口，每月提供包括港幣在內的非美元外幣，金額相當於 460 萬美元。

2001 年至 2007 年，匯豐美國違反 OFAC 規定，進行 28,000 宗沒有申報的敏感交易，金額 197 億美元，其中 25,000 宗交易涉及伊朗。墨西哥毒販的黑錢有 7 成通過匯豐銀行洗白白。2012 年 7 月，英國匯豐銀行控股公司首席合規官大衛巴利 David Bagley 在美國國會參議院作供，承認匯豐銀行淪為伊朗、販毒集團和恐怖組織的洗錢工具，隨即宣布引咎辭職。2012 年 12 月，匯豐銀行和美國政府達成和解協議，支付 19 億美元。2024 年 6 月，瑞士金融市場監管局 FINMA 指匯豐在當地分行違反防止洗錢義務。

2024 年 10 月 24 日，首位會說普通話的滙控行政總裁艾橋智 Georges Elhedery 宣佈滙控重組，將香港和英國業務分割為東西兩部份。財經人士不明白為何匯豐要將香港業務集中起來分割出去。事情其實很簡單，匯豐在香港做生意要符合香港法律，在英國做生意要符合歐美法律，匯豐銀行夾在中間，左右做人難，兩頭不討好。滙控因為凍結香港民主活動人士的在香港的銀行帳戶及不容許以 BNO Visa 申請移居英國的香港居民提取強積金，而被英美等國家指責。美國加強制裁香港的時候，等同滙豐也被制裁。到時，將很難跟西方國家金融機構做生意。將被制裁的中港業務分割出來，可以避免在西方國家披露香港業務變成「洩露國家機密」，又可以迴避西方國家審查。最美妙的地方是，中港被制裁，西方那邊的滙豐業務仍然可以順利運作，不受影響。更加簡單地説，滙豐的盤算是，萬不得已之時，壯士斷臂，放棄香港業務。

滙豐的分拆把戲在民主黨控制白宮的時候行得通。如果賀錦麗當選，她會將滙豐香港和滙豐英國分開來看。當勞侵可不是小麗那樣的政客，他將東西兩邊的滙豐放在一起，沒有壯士斷臂這回事。這樣的分拆根本上沒用。買了滙控股份的讀者應該注意風險。

2024 年 11 月 25 日，美國眾議院中共問題特設委員會兩黨領袖説香港是洗黑錢及逃避美國制裁中心，呼籲美國財長耶倫考慮是否應該讓香港繼續享有與美國的緊密銀行關係。言下之意是考慮在港元兑換美元設限。

香港特區政府立即表示強烈不滿和堅決反對美國眾議院議員惡意詆毀香港國際金融中心聲譽，聲稱香港銀行和其他金融機構一直全面及嚴格執行聯合國安理會施加的制裁，履行國際義務，包括打擊洗錢和恐怖分子資金籌集的國際標準。更加指責美國議員為滿足一己政治利益，散布謊言和虛假信息，意圖卑劣。

香港為中國、伊朗、俄羅斯及北韓反美集團繞過制裁，包括設立空殼公司購買伊朗石油迴避美國制裁。香港政府不執行美國的單邊制裁，美國議員視為敵對行為。香港官員臭罵美國議員，無論是否有道理，將會成為美國單邊制裁香港的理由。港元能否兑換美元，能否繼續存在，只在美國議員一念之間。這就是美國經濟霸權。美國仍然擁有經濟霸權的時候，香港官員不應該公開臭罵美國議員。因為搞糟關係很容易，説幾句話就可以。要搞好關係，難比登天，特別是和美國議員。

5.2 中國製電動車

2024 年 10 月 1 日，拜登政府宣布對中國進口的電動車徵收 100% 的關税，對電動車鋰電池徵收 25% 的關税，並對太陽能電池和半導體產品徵收 50% 的關税。這一政策旨在保護美國製造業免受中國政府補貼產品的不公平競爭影響。拜登批評中國大量補貼其國內產業，這使得中國產品能以低價傾銷至全球市場，威脅到美國的製造業和就業機會。

這些關税措施反映了拜登政府對中國採取的強硬立場，旨在促進美國本土產業的發展，特別是在綠色能源和半導體等戰略領域。當勞侵上台之後，不會撤消拜登已經徵收的對華關税，只會增加。

美國打擊中國製電動車的最佳證明，是在美國買不到中國比亞迪電動車。2022 年，比亞迪的全球銷量超越踢死她。很難想像全球電動車第一品牌竟然在美國買不到。除了 100% 關税，美國商人也不想進口中國製電動車，因為網上有很多中國電動車爆炸起火報導和傳聞。美國人不想買中國電動車，商人推銷中國電動車有很大困難，萬一出事，賠償金額會十分驚人。

比亞迪 2024 年第 3 季毛利率比 2023 年同期增加超過 20%，並且超越踢死㑇。但是，比亞迪無法進入全球最大的美國市場，再加上歐盟對中國電動車加徵關稅最高 45%，銷量受到限制，即使在國有資金補助和國策支持下，仍然出現危機。2024 年的淨現金流急跌 4 成，負債 6000 億元人民幣，負債率高達 77%。拖欠供應商的短債纍如山，再不擴大市場，很容易步恒大後塵。解決比亞迪危機的唯一方法是打開美國市場。

中國電動車了不起之處是它便宜過同級內燃機汽車。美國製電動車暫時還未達到這個水平。論質論價，中國電動車確實價廉物美，特別是經常短途駕駛的話，中國電動車經濟實用。

美國徵收 100% 關稅，目的是阻止中國電動車在美國銷售。這樣做是為了保障美國企業和工人利益，還要保障美國安全。電動車有很多功能，包括可能加裝在車內的黑客系統，將監察數據傳到中國，甚至中國可以控制在某些情況下關掉全部電動車癱瘓美國交通。當勞侵要打中美貿易戰，當然害怕讓中國控制美國路上的電動車。美國將中國進口的碼頭設備中的電子部份拆除，換上美國製造電子控制系統，原因也是國家安全考慮。

當勞侵在其 2024 年競選活動中對中國生產的電動車（EV）也提出了一系列強硬政策，這些政策可能對中國電動車製造商進入美國市場造成重大影響。

首先，當勞侵承諾提高對中國進口商品的關稅，特別是針對電動車和相關零部件。根據報導，他計劃將這些關稅提高至60%，甚至考慮對在墨西哥生產並進入美國市場的中國汽車徵收 200% 的關稅。這樣的高關稅政策旨在保護美國汽車製造商免受中國國有補貼電動車的競爭壓力，並促使美國企業加強本土生產。

此外，當勞侵的政策還可能影響到電動車的供應鏈。他計劃撤銷拜登政府推動電動車普及的政策，這包括削減或取消《通脹削減法案》（IRA）中針對清潔能源和電動車購買者的稅收減免。這可能會減少美國市場對電動車的需求，從而影響中國電動車製造商的出口計劃。預計當勞侵也會加強貿易政策，以限制中國在北美地區的經濟活動。他可能會擴大對進口電池組件和相關技術的關稅，目的在於鼓勵美國本土生產，但也可能導致製造成本上升。此外，他可能會更廣泛地應用《維吾爾強迫勞動預防法》，進一步限制來自中國的供應鏈。當勞侵的政策意圖是減少美國對中國製造業的依賴，並支持本土汽車工業。

中國電動車在歐洲有很大麻煩。美國不要中國電動車，因此，歐洲變成主要市場。2024 年，大量中國電動車在歐洲的比利時、英國、德國和荷蘭等港口堆積如山，大部份已經停放18 個月。不少中國電動車擺爛，變成廢車，歐洲港口變成了中國滯銷電動車的「廢車場」。問題出在中國車廠沒有預訂情況下，將沒人要的電動車運到歐洲。中國電動車的銷售速度沒有中國車廠想像中那麼好。不停將電動車運到歐洲，卻賣不出去，入多出少的情況下，汽車經銷商沒有地方停放賣不出去的電動車，被迫將它們丟在港口碼頭。到底歐洲港口有多少沒有買家的中國電動車，只有天曉得。

中國電動車停放在歐洲港口，將港口堵死。按照邏輯，中國應該停止將電動車運到歐洲去。可是，比亞迪、長城、奇瑞和上汽等車廠仍然不停將大量沒買家的電動車運到歐洲。這些車廠也是迫於無奈，不將車送到歐洲去，中國車廠就要停工。2023 年中國汽車出口大幅成長 58% 是個假象。真正的出口數字可能連一半也沒有。要是再這樣下去，很快會堵死歐洲全部港口，不能繼續將電動車運到歐洲去。那時候，中國的車廠要停工。唯一可以拯救中國電動車工業的國家是美國。美國市場龐大，購買力強過歐洲，很容易吸納大量中國電動車。問題是中共的戰狼外交迫美國跟中國打貿易戰。無論發生甚麼事情，中共感到不爽就向美國爆粗，完全沒有外交手段和政治技巧。中國產能過剩的根源在於跟美國鬧翻又找不到替代市場。

5.3 香港特區政府

2020 年，當勞侵擔任總統時，即已制裁中港官員。他和香港的關係從來沒有好的時候。2024 年 10 月 24 日接受保守派網紅 Hugh Hewitt 訪問時，被問到他當選後，會否尋求釋放黎智英，他肯定地說：「100%」。他繼續說：「很容易，我將讓他出來，我只要對他們說，「聽著，請幫我一個忙。」

2019 年反送中運動期間，當勞侵簽署了《2019 年香港人權及民主法》。跟著再簽制裁中港官員的《2020 年香港自治法案》。2020 年 3 月的美國香港法案年審報告認證香港失去高度自治。當勞侵發出總統行政命令 13936 號，取消香港優惠。可是，由於他連任失敗，這項行政命令沒有執行。

當勞侵得到美國天主教會支持，得到美國天主教徒的選票，他亦支持天主教。黎智英是虔誠天主教徒。這是當勞侵拯救黎智英的原因。說到天主教徒的美國總統，拜登是天主教徒。當勞侵是不屬於任何教會的基督新教教徒，不是天主教徒卻得到天主教徒支持。美國有個團體叫支持當勞侵的天主教徒 Catholics for Trump。

不是天主教徒的人不會明白天主教的教徒之間互相幫助默契。天主教徒之間互相稱呼弟兄姐妹，同屬一個大家庭。當勞侵不是天主教徒，卻得到天主教徒的選票，當然想將黎智英從監獄內救出來，還天主教徒一個人情。反正這樣做不花錢又不花時間。

當勞侵誇下海口說「百份之百讓黎智英離開監獄」，要是做不到，會很丟臉。2024 年，香港 47 人案判刑又審判黎智英，要是黎智英被判刑，當勞侵應會實行行政命令 13936 號，加強制裁中港官員及撤消全部香港優惠。

候任國務卿魯比奧是反共和主張嚴厲制裁香港的美國資深政客又是茶黨黨魁。很多人不知道他是天主教徒，他的婚禮在天主教堂舉行。說到這裡，各位應該明白為何當勞侵團隊反對墮胎和同性戀，將天主教再次帶進校園。

2020 年 5 月底，香港《蘋果日報》創辦人黎智英在頭版刊登給美國總統當勞侵的請願信，並且發起「一人一信救香港」。那時候，當勞侵任期將滿，忙於競選連任，幫不到黎智英。如果他成功連任，相信會全力協助黎。

香港特區政府陷入兩難抉擇——跟當勞侵反臉還是釋放黎智英。不給當勞侵一點面子，可能引來嚴厲制裁。這次制裁肯定嚴厲至受不了。美國撤消全部香港優惠是天降的慘事，香港未必承受得到。釋放黎智英就是否定國安法，危害國安體制，那就更加受不了。跟美國談判條件是最佳方法。但是，中共和港共沒有可能跟國務卿魯比奧談判，結局是談判無門。當勞侵上任後跟香港特區政府説，「聽著，請幫我一個忙。」那時候，怎麼辦？

當勞侵要求釋放黎智英，香港律政司司長林定國回應，任何人不應干預司法獨立，又強調即使面對制裁，也不會動搖他履行職責。終審法院首席法官張舉能説，會繼續確保司法獨立及公開，以保持公眾對司法制度的信心。

林定國和張舉能不知道美國民主黨和茶黨的政治作風截然不同。47 人案判刑，美國總統拜登沒有任何動作，只是國務院強烈譴責就草草了事。如果賀錦麗擔任總統，黎智英判監十年八年的話，極其量又是強烈譴責，然後不了了之。即使共和黨也不會有甚麼大動作。説到底，黎智英跟美國沒有甚麼利害關係，要勞動美國總統和國會議員出手相救。茶黨本來就想打擊中共港共，黎智英判刑是很好理由向中共港共動手。當勞侵熱愛關稅，以關稅作為對付中國手段。魯比奧則鍾情全面經濟制裁。關稅也好，全面制裁也好，要經過一段時間才有作用。可是，當勞侵的團隊之中，有很多反華鷹派人物，包括國家安全顧問麥克瓦爾茲 Mike Waltz 和中情局局長約翰雷克里夫 John

Ratcliffe。這些人的作風不是那麼溫馴。他們會跟中共港共打台灣牌，踩中共紅線。到時只有天曉得會發生什麼事。

5.4 聯大決議和台灣協防

英國，國會下議院於 11 月 28 日，罕見以就「台灣國際地位」為題進行辯論，最後無異議通過動議案，內容闡述聯合國大會第 2758 號決議並未決定台灣地位。

英國下議院議員麥道高表示，「聯大第 2758 號決議根本沒有提及台灣，也並未處理台灣的政治地位。」

英國外交部副大臣韋斯特強調，「英國政府反對任何擴大解釋聯大 2758 決議的企圖，如此是企圖改寫歷史。如同我說過的，這不符合台灣民眾的利益，也不符合英國及全球利益。」

英國是繼澳州、荷蘭、瓜地馬拉、加拿大等國國會，及歐洲議會後，全球第 6 個議會通過相關動議。

言下之意，英國國會及政府認為，中共將不涉台灣的聯大第 2758 號決議，扭曲為台灣是中國領土不可分割的一部分。

中國駐英國使館發言人堅決反對，強烈譴責英國下議院少數議員草議動議，蓄意歪曲聯大決議、踐踏國際法、公然挑釁戰後國際秩序和公認國際關係準則。

1971 年，聯合國大會以壓倒性多數通過決議，徹底解決包括台灣在內全中國在聯合國的代表權問題，明確不存在「兩個中國」，不存在「一中一台」。

根據聯大第 2758 號決議的英文版，承認中華人民共和國是唯一在聯合國的合法中國代表及從聯合國排除蔣介石的代表。

"Recognizing that the representatives of the Government of the People's Republic of China are the only lawful representatives of China to the United Nations"

"and to expel forthwith the representatives of Chiang Kai-shek from the place which they unlawfully occupy at the United Nations and in all the organizations related to it."

英國下議院動議沒錯，聯大第 2758 號決議根本沒有提及台灣，也並未處理台灣的政治地位。該決議只是用毛澤東政權取代蔣介石政權在聯合國代表中國的地位，沒有説台灣是中國領土一部份。中共一直説該決議否定台灣的主權國地位，確定一個中國。全世界沒有異議。2020 年開始，台灣晶片雄霸世界之後，各國開始提出反論，認為該決議與台灣無關。英國下議院在當勞侵上台後組成反華鷹派班子之後，提出動議説聯大第 2758 號決議沒有處理台灣政治地位。

從決議的用詞可以肯定，中共在 1971 年被英美欺騙了，開開心心入聯大，以為聯合國承認台灣是中共國 部份。經過漫長的 50 年時間，中共説這決議確定台灣是中國領土，沒有任何異議。中共被英美騙了，簽了決議再被各國瞞騙了 50 年。英美搞國際政治玩到文字遊戲。蔣介石政權是國民黨。國民黨肯定不能入聯合國。但是，台灣的民主進步黨入聯是不受聯大第 2758 號決議限制。如果魯比奧支持台灣的民主進步黨入聯，中共不能用聯大第 2758 號決議作為反對理由。

2021 年 8 月 17 日，美國資深參議員科寧 John Cornyn 的推文説，在台灣的美軍有 3 萬人。那段推文很短，只説美軍今日在台灣 US troop today in Taiwan - 30,000。中共官媒立即說要消滅駐台美軍和武統台灣。國民黨官方推特立即澄清，「台灣沒有 30000 名美軍！最後的美國士兵在 1979 年 5 月 3 日就離開台灣了」。這條推文很快被刪除。傳媒認為科寧錯誤將以往的駐台美軍數字用於今日。

科寧參議員是參議院情報委員會成員，他不會搞錯在台灣的美軍數目，他說有 3 萬駐軍，就一個也不會少。問題出在哪裡？

台灣確有美軍，美軍協防台灣司令部 United States Taiwan Defense Command USTDC，直屬美國太平洋司令部 United States Pacific Command，負責指揮駐台美軍各單位。

協防台灣司令部有 70 位美軍人員，但是台灣島上沒有「其他」美軍。協防的意思是美軍協助台灣軍方防衛台灣。美國在台灣沒有駐軍，協防台灣司令部根本上沒有意思。沒有駐台美軍，美軍怎樣協防台灣？

科寧不是搞錯數字，只是錯誤地洩漏美軍機密。協防台灣的美軍不是駐守台灣而是留駐在千里之外的天寧島 Tinian Islands。美軍預計共軍攻台會用密集導彈攻擊，成功登陸的可能性不大。台灣戰爭主要是海空戰而非陸戰。美國在台駐軍根本上沒用。天寧島雖說遠離台灣，但是，對空軍來說，只是很短距離。天寧島上的美軍主要是空軍，連同運輸船隊，總人數約 3 萬人。美軍協防台灣司令部是協調天寧島美軍和台灣軍隊作戰。只要台灣撐得住第一輪攻擊，天寧島美軍可以奪取制空權和制海權，台海戰役立即結束。

由於美國軍部將駐天寧島協防台灣的美軍視為駐台美軍，

因此，科寧也將這 3 萬美軍視為駐台美軍。其實，這 3 萬美軍駐守在天寧島。

5.5 金磚五國

2024 年 10 月的金磚國家 BRICS 峰會，搞架空美元的新金融體系金磚之橋 BRICS Bridge 共同支付系統，取代美國的跨境支付系統 SWIFT，實行去美元化。會上，布丁檢視一張全新金磚鈔票。很多人認為這就是取代美元的貨幣。

美元霸權是美國強大和實施經濟制裁的基礎，任何去美元化都是對美國霸權的挑戰。令美國無法接受的事情是金磚五國於 2023 年邀請伊朗參加金磚國家。伊朗是美國制裁的國家，讓伊朗加入金磚五國等同打開門路讓伊朗架空美國制裁。這算是甚麼？顛覆美國霸權嗎？

2024 年，金磚國家組織急速擴大，邀請阿根庭、沙地、伊朗、埃及、阿聯酋和埃賽俄比亞參加。金磚五國不知道自己在找死。跟美國在經濟上搞對抗不會有好結果。特別是核戰危機之下，美元是避險工具，美國經濟霸權如虎添翼的時候。2023 年 12 月，阿根庭拒絕加入金磚國家，咀巴說不想跟共產國家結盟，事實上害怕美國制裁。

沙地仍未決定是否加入。2024 年 1 月，有報導說沙地加入金磚國家。4 月，沙地否認加入，並且在金磚峰會中缺席。那是因為來自美國的壓力，同時沙地不想跟伊朗站在同一陣線。

從金磚國家的新構成看，絕對是反美集團。反美集團搞去美元化，等同向美國宣戰。美國怎會放過對付金磚國家的機會，特別是搞美國再次強大的當勞侵當總統的時候。金磚國家包括俄羅斯和伊朗，加入金磚集團會招來美國次級制裁，即是制裁那些跟受到制裁國家交易的國家。

中國領導的金磚國家（BRICS）在去美元化的努力中面臨諸多挑戰，主要原因是其貨幣體系的內在弱點。人民幣作為中國的貨幣，雖然在國際化進程中取得了一定進展，但仍然不是自由兌換的硬貨幣，使得它在全球市場上的接受度有限，尤其是在跨境交易和儲備資產方面。

金磚國家希望通過增加本地貨幣的使用來削弱美元的主導地位。然而，這些國家的貨幣普遍面臨貶值壓力或市場規模過小的問題。例如，俄羅斯和伊朗等國家的貨幣在國際市場上缺乏穩定性和信任度，這使得它們難以成為可靠的交易媒介或儲備資產。此外，金磚國家之間的貿易結算仍然依賴於美元作為中介，這進一步削弱了去美元化的努力。

金磚國家的貨幣，如俄羅斯盧布或南非蘭特，在國際市場上的流動性和接受度都遠不如美元。這些貨幣通常缺乏穩定性，使得它們難以成為可靠的全球交易媒介或儲備資產。因此，持有金磚貨幣可能面臨更高的匯率風險和流動性風險，而這些風險在持有美元時相對較低。

相比之下，美元作為全球主要儲備貨幣，享有「超級特權」。美國擁有強大的經濟基礎和穩定的金融體系，使得美元成為全球投資者信賴的避險資產。即使在經濟不確定時期，投資者也往往會轉向美元，以尋求安全和穩定。美國強大的金融市場和廣泛的國際影響力進一步鞏固了美元在全球經濟中的地位。

當勞侵還未上台，在華外資企業將資金匯出境出現嚴重困難。2024 年 11 月 19 日，高盛董事長兼 CEO 大衛所羅門 David Solomon 在香港金管局年度「國際金融領袖投資峰會」說，現在很難把資金匯出中國，全球投資者不願投資中國。人民幣不能自由兑換又有資金出境限制，用人民幣取代美元，暫時不行，短期內不行，長遠也應該不行。金磚國家沒有任何主權貨幣可以說穩定可靠，最基本的自由兑換也做不到。

當勞侵對在 2024 年 11 月底至 12 月初期間，在 Truth Social 平台上發表聲明，強烈警告金磚國家（包括巴西、俄羅斯、印度、中國和南非）不要試圖創建替代美元的新貨幣。他明確表示，任何試圖削弱美元在國際貿易中地位的行為都將招致嚴厲的經濟報復，包括對這些國家的商品徵收 100% 的關稅。

侵侵的警告反映了他對維護美元全球主導地位的堅定立場。他強調，金磚國家如不承諾不推動去美元化，將面臨失去美國市場准入的風險。這一威脅是在金磚國家日益尋求減少對美元依賴的背景下提出的，特別是在 2023 年金磚峰會上，成員國討論了去美元化的可能性。

侵侵的經濟團隊正在研究多種措施來應對這一挑戰，包括出口管制和貿易懲罰，以確保美元繼續作為全球儲備貨幣的地位。他的政策立場顯示出經濟民族主義的傾向，企圖通過強硬手段維護美國經濟利益和金融霸權。

5.6 中東國家

中東國家除了以色列之外都是回教國家。這些回教國家將美國和以色列視為敵人。過去幾十年，美國非常包反美中東回教國家。那些 911 後在屋頂跳舞慶祝的巴人可能不知道，美國是給巴人最多經濟援助國家。沙地為首的中東石油出口國在 1973 年贖罪日戰爭期間向歐美等支持以色列的國家實施石油禁運，被稱為第一次石油危機。當時我讀中一，香港實行燈火管制。晚上街道一片黑暗，警察在街上巡邏叫店舖東主熄招牌燈，只有診所招牌仍然亮著。油站沒有汽油出售，還可以入油的站站大排長龍。即使沙地搞石油危機重創歐美經濟，美國仍然將沙地視為盟友。911 恐怖襲擊的拉登就是來自沙地。

中東爆發 3 次石油危機。第二次是 1978 年至 1980 年，1978 年伊朗發生伊斯蘭政變，1980 年，兩伊戰爭爆發，伊朗石油供應大幅洛減少，油價爆升超過 3 倍。 第三次石油危機，1990 年波斯灣戰爭引起。自此之後，石油組織出口國操控原油價格，等同操控全球經濟。

美國支持反美中東回教國家，因為當年美國需要中東石油。美國有了頁岩油之後成為包括石油在內的能源淨出口國。美國不再需要中東石油，中東回教國家變成用後即棄。我是香港財經評論員之中，最早談論頁岩油發展。 2011 年，我在電視節目隆中對大談頁岩油，親自去到加州原本進口天然氣碼頭，看見那裡被改為天然氣出口碼頭，美國確實成功開發頁岩油。可是，當年所有人認定頁岩油只是圈錢騙局，每桶開採成本 300 美元以上，甚至有人說無法開採頁岩油。我說頁岩油開採成本只有十幾美元，被人嘰為瘋人瘋語。每次談頁岩油都被人臭罵。事實上，頁岩油是美國廿一世紀最重要戰略，擺脫中東石油依賴。依賴中東石油就不可能雄霸全球。

美國消滅伊拉克薩達姆政權之後，將政權交給人口大多數又沒有戰爭經驗的伊拉克什葉派，以沙地為首的遜尼派發動伊斯蘭國哈利發在伊拉克和敘利亞發動大屠殺。什葉派又全力還擊，兩邊將伊拉克和敘利亞打成焦土。2023 年，哈馬斯屠殺千多名以色列人。以色列大舉還擊，將加沙和黎巴嫩炸成廢墟。美國政治就是這樣，需要中東石油的時候，巴人是寶貝。不需要中東石油的時候，巴人死亡十萬八萬人，美國仍然向以色列運送大量炸彈導彈炮彈，繼續大開殺戒。

克林頓即將出版新書《平民：我離開白宮之後的人生》Citizen: My Life After The White House。在接受紐約時報記者 Andrew Ross Sorkin 訪問時説，他在 25 年前搞的巴勒斯坦立國被阿拉法拒絕，而且害死一心想達成巴勒斯坦立國及中東和平的以色列總理拉賓。他説，這是二十世紀最大悲劇。

根據奧斯陸和平談判，巴人可以在東耶路薩冷定都，取得 96% 西岸土地和 4% 以色列土地。這次兩國方案和平談判在他最後任期完結前 6 個星期被阿拉法拒絕。克林頓談到阿拉法拒絕巴勒斯坦立國，美國年青人無法相信巴人曾經有和平立國機會。

我也無法理解為何巴人放棄和平立國機會，卻要用大屠殺作為立國手段。還有一件事更加令人難以置信，巴人曾經在約旦立國。贖罪日戰爭之後，大量巴人逃難進入約旦，在西岸東面的約旦領土立國，建立武裝部隊和邊境，過境的人要繳稅給巴人。約旦王胡辛給巴人避難所，沒有想到巴人將約旦土地據為己有。最慘是整個中東回教世界站在巴人那邊。敘利亞陳兵邊境，企圖消滅約旦國，將約旦國改為巴勒斯坦國。胡辛確實不走運。本來他不想介入六日戰爭。埃及在西奈半島慘敗，被以軍打個落花流水。埃及總統垃圾然竟然說埃及快要打到台拉維夫，滅掉以色列，叫約旦出兵攻打以色列。胡辛在多個中東回教國家催促下貿然出兵，被以色列打個底朝天。接收巴人難民卻被巴人鵲巢鳩佔。在回教國家窮追猛打，快要滅頂時，胡辛找美國幫忙，聯合美國和以色列謀求自保。回教國家兵臨城下，美國又拒絕出手相救。眼看巴勒斯坦要在約旦立國，巴人竟然脅持 4 架西方國家民航機去到約旦，將飛機炸掉。美國立即全力協助約旦，保住約旦讓胡辛粉碎巴人在約旦的立國夢。巴人搞慕尼黑大屠殺，以色列也支持約旦打擊巴人。結果，巴人暴力立國夢碎。如果巴人不劫機，現在不會有約旦，而是巴勒斯坦。

我和內塔一樣，年輕時跟壞人打個你死我活，知道讓壞人活著的結果是自己死亡，而且死得很慘。10 月 7 日大屠殺之後，內塔絕對不會讓巴人立國，更要將巴人武裝勢力徹底消滅。想想為何巴人兒童是全球兒童截肢比例最高？巴人兒童營養不良，傷病纏身，以後的巴人再也不能妄想暴力立國。

以軍攻入加沙，像趕羊那樣將巴人驅逐離開北加沙。我可以肯定地說，巴人永遠不能回到北加沙。加沙中部會用作以軍基地及猶太殖民地。巴人被壓縮在加沙南部很小很小的地方，沒有水源和農地，永遠在以軍無人機監視之下接受國際援助。

當勞侵擔任總統之後，內塔會消滅伊朗和哈馬斯，面目全非的中東會面目一新。巴人拒絕和平立國又無法暴力立國，結局是不能立國。要怪的話，怪誰？

當勞侵上次擔任總統時，將美國領士館由台拉維夫搬到耶路薩冷，給中東回教國家很大情感傷害。哈馬斯屠殺以色列人之後，以色列將加沙炸成焦土，引起回教國家不滿美國提供軍火給以色列。伊朗不停大叫消滅美國和以色列及向以色列密集發射彈道導彈。2024 年 9 月 2 日，土耳其發生美軍士兵被毆打事件。9 月 10 日，土耳其申請加入反美的金磚國家組織，正式跟美國決裂。

當勞侵説巴人沒有好好地利用加沙這塊海旁地皮，只要正確地重建，加沙可以成為世上最美麗的地方。他的女婿 Jared Kushner 建議以色列重建加沙前將巴人驅離加沙。言下之意是將加沙巴人驅逐到西奈半島去。如果以色列驅逐巴人離開加沙，重建加沙的時候將加沙分割成十塊八塊再加入幾個殖民區，沿海地區發展成渡假地區 ....，中東回教國家一定跟美國和以色列打聖戰。

當勞侵最想得到的結果就是跟中東國家打全面戰爭，來個一了百了。美國和以色列軍力足以壓制整個中東。以前的變數是俄羅斯介入，現在不是問題。俄羅斯軍力大不如前。

伊朗暗殺當勞侵失敗，當勞侵要對付伊朗的話，無可避免引起中東回教國家強烈反彈。當勞侵要將整個中東打成焦土才能完成滅伊大計。要將中東打成焦土沒有甚麼困難，伊斯蘭國和以色列已經將中東大部份地區打成焦土，特別是當勞侵要對付的國家，剩下來的工作不多也不困難。

中國最重大的國際政策失誤是將伊朗納入金磚國家集團，

將金磚集團變成反美集團又將中國變成伊朗盟國。敵人的朋友是敵人，中國自然成為當勞侵的死敵。我看不到中國跟伊朗結盟有甚麼好處，更加看不到伊朗政教合一政權有甚麼前途。

中國沒有頁岩油，石油供應仍然依靠中東，特別是廉價的伊朗石油。依賴中東石油是中國的經濟和政治死門。當勞侵上台之後，伊朗石油出口將會被完全禁止，不會像拜登那樣隻眼開隻眼閉。禁止伊朗石油出口，打擊最大的國家不是伊朗而是中國。

中東在氣候轉變中受到重創，氣溫突破 50 度，很多城市不適宜人類居住。這是天災還是人禍，很難説得準。總之，中東回教國家在美國政客心目中全部是反美敵人。美國可以對付中東回教國家，一定不會留手。拜燈上台的時候，伊朗很快可以得到核武又有俄羅斯導彈技術，向以色列射核彈，只是兩三年時間就可以做得到。伊朗的勢力由以色列南面的加沙哈馬斯到北面的黎巴嫩真主黨，全部都是伊朗成立的爪牙。伊朗可以用陸路將軍火送到親伊朗伊拉克組織，再轉運到敘利亞，然後送給黎巴嫩真主黨。因此，真主黨有數萬枚飛彈和導彈，有先進複雜現代化武器。以黎邊境有大量真主黨地道和地堡。哈馬斯那邊更加是地下建築密度高過地面。很多地區有地底城市，數以千計恐怖份子藏身地道，準備攻擊以軍。2023 年 10 月 7 日，哈馬斯發動大屠殺，殺了千多人，擄走 200 多人。8 日，真主黨以飛彈攻擊以色列。以色列突然間要應付 7 條戰線。

全世界堅定地站在巴人那邊，即使巴人屠殺以色列人也不理會。聯合國沒有即時發表任何譴責巴人言論。哈馬斯用全宇宙性命最尊貴的巴人平民作為人盾，以色列攻擊哈馬斯會造成極大平民傷亡。這時候，支持巴人的混混走出來叫好，說哈馬斯很快會消滅以色列。

事情出乎左膠意料之外，以軍大舉空襲加沙，戰車和步兵湧入加沙，將哈馬斯殺個片甲不留。真主黨遭到以軍斬首，全部指揮官和領導人被炸死，幾乎全部幹部被炸掉手掌和眼睛，有些被炸掉子孫根。以軍攻入黎巴嫩，如入無人之境。哈馬斯和真主黨的地道戰全無作用。真主黨發動密集火箭攻擊卻無法擊破以軍空防。伊朗出動大殺器彈道導彈，結果，死人最多的國家是伊朗自己。以色列境內只有一名巴人在西岸被炸死。以軍空襲伊朗，打掉伊朗全部防空系統，還將伊朗最秘密的核武研究中心和精密設備炸掉。

哈馬斯和真主黨名存實亡。決不停戰的真主黨接受現實，接受停火協議。阿爾蓋達分支的敘利亞叛軍攻陷亞勒普，跟著勢如破竹直入哈馬。下一站就是敘利亞首都大馬士革。俄羅斯和伊朗支持的敘利亞亞薩德政權竟然急至向以色列求救。亞薩德政權倒下之後，伊朗被反過來圍堵。

對伊朗來說，最糟的事情是當勞侵快要就任美國總統。他上任之後，以色列很可能使用戰術核武打掉伊朗核設施。巴列維看到伊朗政教合一政權不穩，立即拉攏盟友實行復國計劃。拜燈還未落台，中東反美反以集團已經落台。

當勞侵警告哈馬斯，在他上任之前不釋放全部人質，哈馬斯會受到前所未有的毀滅性打擊。加沙已經被炸成無原爆廣島，很難想像當勞侵還可以怎樣對付哈馬斯。如果哈馬斯不釋放全部人質，那就是加沙的巴人末路。

痴呆老頭擔任美國總統，疫情未過，俄烏戰爭又起。俄烏戰爭打個沒完沒了，以哈戰爭再爆。以哈戰爭由加沙打至黎巴嫩再打到敘利亞（叛軍打敘利亞，不是以軍），以色列空襲伊朗。看來，巴解、黎巴嫩真主黨、敘利亞亞薩德政權和伊朗政教合一政權，全部倒台，整個中東反美反以集團被瓦解。

說到這裡，各位一定認為這個劇本太爛。最爛的情節是哈馬斯輕易地屠殺千多名以色列人，恐怖襲擊太順利。看來，以軍和以色列情報組織十分低能。以軍打加沙的時候突然由白痴變成天才。以色列以一敵七，將敵人打個落花流水。最了不起是傳呼機和通話器變成遙控炸彈，兵不血刃消滅千多名真主黨骨幹成員。這個局早在幾年前佈下。

拜燈像害了末期老人痴呆症，連自己的老婆也認不出來。支持以色列卻做得異常出色，有如諸葛亮運籌帷幄之中，決勝千里之外。他和內塔的合作可以說是世上最完美的男子雙打。這麼離奇的靈異故事，如果是小說，一定被人臭罵只有白痴才會寫出來的犯駁情節。如果不是開燈會的世界新秩序搞作，一定是上帝顯靈。

5.7 人工智能

當勞侵 2024 年當選之後，在 2000 年由美國國會成立的美中經濟及安全檢討委員會 U.S.-China Economic and Security Review Commission，於 11 月 20 日推出 AI 曼哈頓計劃，像第二次世界大戰期間的開發原子彈曼克頓計劃那樣，傾盡美國公營私營機構的人才科技和資源開發具有人類智慧的泛用人工智能系統 AGI。

中國全力及快速地研究開發泛用人工智能。拜登全面禁止中國取得先進 AI 晶片、人才、技術、材料和設備。當勞侵認為單純禁止中國取得先進 AI 晶片不足夠，最終遏制中國 AI 科技的方法是美國搶先去到人工智能科技頂峰。那就是說，當勞侵雙管齊下，一邊阻止中國研發泛用人工智能，另一邊加快美國開發速度。

2024 年 11 月中，美國商會發電郵告訴會員，拜登很快加強對華出口限制，包括限制對中國出口高頻寬記憶體 HBM，200 家中國晶片公司會被列入貿易限制名單。這樣做是為了限制中國的泛用人工智能發展。

2024 年 11 月 25 日，中國商務部副部長王受文向輝達全球業務營運執行副總裁普利 Jay Puri 說，中國歡迎輝達及會替外國企業創造更好的商業環境。中國商務部希望與美國合作讓兩國經貿關係重回「正軌」。

美國對中國的晶片限制已經成為中美科技競爭中的關鍵因素。這些限制措施不僅阻礙了中國獲取先進半導體技術，還直接影響了中國在人工智慧（AI）和其他高科技領域的發展。與石油不同，晶片的生產主要集中在親美國家的手中，如美國、荷蘭和日本等國家，這使得美國能夠有效地控制晶片供應鏈，從而對中國施加壓力。中國無力反制美國的晶片限制。晶片跟石油不同，俄羅斯和伊朗等反美國家生產和出口大量石油。美國難以禁止中國用人民幣架空美元取得反美國家石油。晶片、晶片技術和設備的生產國家全部是親美國家。美國一聲令下，中國立即「彈盡糧絕」，在中美晶片爭霸戰中敗下來。

美國近期對 140 家中國企業實施出口限制，這些企業包括半導體公司和相關設備製造商。此舉志在阻止中國獲取用於軍事和 AI 應用的高端晶片，以維護美國的國家安全。這些限制措施使得中國在短期內難以突破技術瓶頸，進而影響其在全球科技競爭中的地位。在人工智慧領域，中國雖然擁有龐大的數據資源和算法優勢，但其算力仍然高度依賴進口晶片。美國的限制措施使得中國在 AI 硬體方面面臨嚴峻挑戰。隨著 AI 技術成為未來經濟和軍事競爭的核心，中國若無法突破這一制約，將可能在全球競爭中落後。

晶片是現代科技的基礎，中國在失去先進晶片供應後，其經濟增長和軍事現代化都可能受到影響。美國可以藉此在經濟金融領域對中國施加更大的壓力，並在未來的技術競賽中保持優勢。未來幾年是人工智慧發展的關鍵時期，如果中國無法抓住這一機會，其科技實力將被美國進一步拉開差距。儘管中國政府正在努力推動半導體自給自足，但要達到與美國同等的技術水平尚需時日。因此，中國需要加大對本土半導體產業的投資，同時尋求多元化的技術合作，以減少對外部技術的依賴。

中國禁止部份稀土金屬輸往美國，企圖利用稀土供應反制美國的晶片禁運。這樣做不會有效，因為戰後一段很長時間，美國是全球最大稀土出口國。只是因為開採稀土造成環境污染才進口中國稀土。現代科技發達，環境污染不是大問題。當勞侵絕對不怕中國禁運稀土。

中國人工智能科技落後，經濟和軍事也會落後，美國可以輕易地在戰場和經濟金融業擊敗中國。未來幾年的人工智能發展是關鍵時期，錯失這個彎道超車黃金機會，中國科技遠遠落後美國，而且差距越來越大。

5.8 太空科技

列根總統搞星戰計劃利用太空科技超越蘇聯。蘇聯和美國在太空科技爭霸，結果蘇聯因為經濟殘破而解體。現代戰爭勝敗取決於科技，特別是太空科技。俄軍在戰場上處於劣勢，因為烏軍使用星鏈作為通訊及軍事用途。俄軍失去通訊和定位裝置，悲慘至戰機飛行員用烏克蘭民用手機作為導航器。2025年是真正的太空爭霸時期，美國真正實行星戰計劃。

當勞侵和以浪抹屎一起搞第二次太空競賽。以浪抹屎領導的政府效率部將會清除阻礙太空科技發展的法規限制，讓投資者增加太空科技投資，加速私人太空科技發展。中國和美國在太空科技發展的分別是，中國以國營機構發展太空科技，美國由太空總署和私人企業雙線發展太空科技，包括太空總署和以浪抹屎的 SpaceX。私人企業發展太空科技的效率和成本效益高過國營機構很多。唯一問題是太多法規限制。只要掃除這些法規限制，美國在火星建立殖民地，中國還未去到月球。儘管中國在太空探索方面取得了一些突破，如嫦娥六號探測器成功登陸月球背面並返回，但其商業太空產業仍需時間追趕美國。中國政府正在努力支持商業部門，以期縮小與美國的差距，但專家預測這需要五到十年的時間。

美國在太空科技領域的領先地位是多方面因素共同作用的結果，包括技術創新、政策支持以及國際競爭策略。自冷戰時期以來，美國一直在推動太空探索，這使得它在全球太空市場中擁有顯著的優勢。這一優勢不僅體現在技術上，還包括其在國際政策和商業運營中的主導地位。美國對中國實施的晶片禁運政策對中國科技發展造成了重大影響。這一禁運限制了中國獲得先進半導體技術和設備，從而阻礙了其在人工智慧、5G 通信和軍事現代化等關鍵領域的進展。半導體被譽為現代科技的基石，沒有高端晶片，中國在太空科技方面的創新能力受到嚴重制約。儘管中國政府加大了對本土半導體產業的投資，但要達到美國目前的技術水平仍需時日。

SpaceX 作為美國私營太空企業的代表，在全球商業太空市場中處於領先地位。該公司成功開發了可重複使用的火箭技術，並在載人航天和衛星互聯網服務方面取得了重大突破。這些成就鞏固了美國在太空科技領域的霸主地位。SpaceX 的成功部分得益於美國政府的大力支持，包括來自 NASA 的大量合同和資金支持。

在政治層面，當勞侵對太空政策有著明確的方向。他強調加強美國在太空領域的軍事和商業優勢。在 2024 年大選中，當勞侵獲得了以浪抹屎的全力支持，據說後者由 6 月開始，每月捐贈 4500 萬美元以支持其競選活動。這一聯盟顯示出商業領袖如何影響政治決策並推動自身企業利益。

當勞侵勝選後，任命以浪抹屎為新設立的政府效率部門主管，這一角色旨在掃除發展太空計劃和電動車產業中的法律障礙。此舉被視為對 SpaceX 和特斯拉等公司的重大利好，因為它可能會減少政府對這些企業運營的監管，從而促進其更快發展。此外，當勞侵政府也可能採取措施削減 NASA 某些計劃，以便讓 SpaceX 獲得更多資源和合同。星鏈能夠擊破中共網絡防火牆。

以浪抹屎的星鏈系統 Starlink 可以直接連結沒有改裝的普通手機，提供中共國無法控制的完全自由上網服務。手機連星便可推倒中共的網絡防火牆。

美國可以通過星鏈系統為中共國人民提供自由開放訊息，只差美國國會的決定。2024 年 11 月 25 日，參議院外交委員會主席、民主黨參議員賓卡丁 Ben Cardin 及共和黨參議員丹舒利雲 Dan Sullivan 提出讓國家通過自由、公開及可靠媒體知情法案 Informing a Nation with Free, Open, and Reliable Media（INFORM）Act。該法案加強國務院及其他美國機構發展全球媒體，擊倒中共國網絡封鎖，為中共國人民提供支援普通話的可靠訊息分享工具及新聞。同時，中共國人民及獨立媒體可以報導中共國各地發生的事情，得到高度自由表達言論的訊息。沙利文參議員在聲明中說，中共的長城防火牆壓製表達，封鎖真實信息，我們要繞過防火牆，讓中國人民獲取信息。舒利雲説，「習近平的最大弱點是他害怕自己的人民。因此中共國利用巨大的防火牆禁制言論自由及阻止人民得到中共領導人貪污的真實訊息。我們可以做得更好，繞過中共的防火牆讓中共國人民得到他們政府的訊息及連結全球各地的爭取自由的人。這項法案開列痛擊中共及習近平最大弱點的方法和達到最大戰略優勢—我們致力自由。我會繼續在下一屆國會工作及與當勞侵政府實現這件事。」(https://www.legistorm.com/stormfeed/view_rss/2439556/member/3084/title/sullivan-cardin-introduce-bipartisan-bill-to-counter-censorship-in-china-and-promote-free-expression-for-chinese-citizens.html)

中共絕對無法容忍美國利用星鏈突破中共防火牆，令中共無法控制人民言論和思想。解放軍說，國安受到威脅時，可以擊落軌道上的衛星，包括以浪抹屎的星鏈衛星。為了掩飾攻擊行動，解放軍採用潛艇上的激光武器擊落衛星。

我懷疑中共國的潛艇激光系統能否擊落衛星。將巨大激光武器放在搖晃不定的潛艇上，還要準確打中軌道上的衛星，能量要強到將衛星擊落。解放軍做得到嗎？

另一方面，俄羅斯在俄烏戰爭中的消耗以及受到的制裁，使其無力繼續大規模投資於太空科技。這使得俄羅斯在全球太空競爭中逐漸失去地位，而美國則趁機鞏固其領導地位。美國不僅加強了自身的技術實力，還積極構建國際合作關係，以保持其在全球太空市場中的影響力。

5.9 電子付款系統

不知甚麼時候開始，加州唐人餐館和超級市場貼出告示歡迎使用支付寶等電子付款方式。2021 年 1 月 5 日，總統當勞侵簽署行政命令，禁止 8 款中國手機應用程式付款和收款，包括螞蟻集團的支付寶和騰訊的微信支付。這項行政命令在當勞侵卸任後生效。支付寶等中國電子付款系統消失一段時間。現在，美國居民及公民仍然不能在美國實體店和網店使用支付寶等電子付款系統。

當勞侵禁用中國電子付款系統，因為他考慮國家安全，不想中國取得美國人的資料。

中國外交部發言人華大媽説美國禁用中國電子付款系統，是美國濫用國家力量無理打壓外國企業的霸凌霸道霸權行為。

數字人民幣 E-CNY 是中國人民銀行發行的法定數碼貨幣，其實是人民幣的電子版本，用於貨幣支付系統。2020 年開始，數字人民幣在包括深圳的多個地區測試。數字人民幣不能出境使用，不能買賣黃金和美元。2024 年 1 月，在香港發行數字人民幣，為香港居民提供數字人民幣錢包服務。中國發展數字人民幣的主要目的是監控人民財富而非金融操作，因此在國際應用方面比較差。

數字人民幣推出 4 年，多次送出數字紅包鼓勵人民使用數字人民幣。2024 年，數字人民幣的普及程度強差人意，實體人民幣仍然是主要流通貨幣。

2024 年 11 月，被稱為中國「數字人民幣之父」的姚前被控利用職權進行虛擬貨幣賄賂，以公謀私而落馬。有時事評論員將這件事説成習近平的「數字烏托邦」工程爛尾。

我可以肯定地説，數字人民幣不是用來取代美元或者用作國際交易，只是單純用於中國國內的電子貨幣。即使數字人民幣不對美元霸權構成威脅，美國連支付寶等中國電子支付系統也要禁用，在美國絕對無法使用電子人民幣。説到底，人民幣不能自由兑換外幣，在美國用電子人民幣本來就不合理。電子付款系統和數字人民幣只能在中國國內使用的話，只是電子遊戲而已。美國封殺中國電子付款系統可以將中國金融和經濟推回二十世紀。

幾年前，支付寶等中共國支付系統被禁之後，我很懷疑中共國的 Tik Tok 等社交平台能在美國熬多久。結果，當勞侵未上台 Tik Tok 便上訴失敗，正式被美國封殺。由此可見，中共國任何網絡金融和社交系統無法在美國立足。共産黨員無法在美入籍和續期綠卡，拿簽證就幾乎絕望。當勞侵上台，必定和中共國割蓆。

第六章

天災人禍

6.1 氣候大災難

當勞侵上任之後，多個中東國家政權會倒台。因為當勞侵支持以色列，讓以色列成為中東霸主。以色列在當勞侵和茶黨支持下，必定狂轟伊朗，甚至使用戰術核武打掉伊朗核設施。伊朗政教合一政權必然倒台。唇亡齒寒，敘利亞政權也不能維持多長時間。黎巴嫩政府將會由親伊朗改為親以色列。巴勒斯坦無法立國，加沙像西岸那樣被切成多個小塊。北加沙已無巴人平民，相信離開了的巴人永遠無法回家。

由黎巴嫩向東一直去到阿富汗將不會有反美反以色列政權。這麼大的改變是近代史上罕見。但是，最慘的事情不是政權倒台，而是氣候大災難。

2024 年 11 月，伊朗，巴基斯坦、阿富汗和杜拜遭遇暴雨，沙漠竟然水浸。突如其來的豪雨淹浸杜拜國際機場，數以千計航班被迫取消。阿聯酋部分地區降雨量 254 毫米，打破 75 年來有記錄以來最大降雨量。

氣候轉變將會在 2050 年之前帶來 38 萬億美元經濟損失。

損失最大的地區是中東、北非和南亞。氣候轉變帶來經濟損失和收入大幅度減少當然痛苦，最痛苦是很多地區和城市不適宜人類居住。2024 年 11 月，印度北部成為「全球空氣污染最嚴重地區」，政府宣佈當地進入醫療緊急狀態。印度北部被有毒及致命霧霾覆蓋，學校停課、建築地盤停工、柴油卡車被禁止進入德里。人們停止戶外活動，公園內空無一人。鄰國巴基斯坦情況和印度差不多，也因霧霾而進入緊急狀態。AQI 指數超過 151 即代表空氣品質不良，超過 301 就代表有害，印度北部的 AQI 超過 1,600，空氣和毒氣沒有分別。這樣的極度嚴重空氣污染城市根本上不適宜人類居住。每年冬季，德里的醫院擠滿呼吸困難病人，心臟病、中風、心臟衰竭等疾病的染病和死亡率大幅度增加。印度首都德里從 11 月到 1 月不適宜人類居住。這樣的情況不是 2024 年才有，早在 2014 年已經不堪設想。不明白印度和巴基斯坦怎樣將這麼嚴重的環境問題拖了 10 個寒暑。

香港人完全不知道印度北部和巴基斯坦的情況如何惡劣。美國人也不知道。當勞侵的重要政策之一是否定排碳引起全球升溫和氣候轉變。民主共和兩黨在減排問題上對立。民主黨推動減排，共和黨拒絕減排。當勞侵的口號是，鑽呀，小乖乖，鑽呀，Drill, baby, drill。他揚言可以在上任後 12 個月之內將油價劈掉一半，全力推動和增加石油和天然氣生產，不理會環境保護，全心全意增加排放二氧化碳。石油增產就是增加嚴重環境污染的頁岩油開採，降低通脹的同時增加空氣污染。加州的貝克斯菲爾德 Bakersfield 是全美國污染最嚴重城市，同時亦是加州生產最多石油及天然氣的地區。過去 25 年，該市無法達到清潔空氣法 Clean Air Act 的溫室氣體排放標準，也無法達到空氣質素標準。由此可見，增加開採石油不是好主意。將工業帶回美國即是將空氣污染帶回美國，對美國人來說，也不是好主意。

當勞侵反對離岸風力發電和電動車。上任後會取消政府資助離岸風力發電和電動車稅務優惠。美國退出 200 個國家減排的巴黎協議是當勞侵的傑作。

當勞侵主張積極增加石油生產，2024 年大選，石油公司給他 7,500 萬美元捐款。投桃報李，他亦提名資深頁岩油商人基里斯韋特 Chris Wright 擔任能源部長。相信美國在當勞侵領導下，真的會鑽呀，鑽呀。鑽很多石油出來之後，燒呀，燒呀。油價下跌可以壓低通脹，同時也會增加空氣和水源污染。這樣做等同飲鴆止渴，絕對是找死。

我在 2008 年出版的實體書《冰天凍地》，提及地球升溫和新冰河時期；2024 年出版的冰天凍地續集《2050 全球大飢荒》也提出地獄之門已開，冰河時期將臨，都是以環境污染引發氣候大災難。16 年之後，回想當年出版《冰天凍地》的時候，相當天真，以為只要喚起人們對排碳破壞環境的注意就可以阻止氣候大災難發生。事實上，世上兩個排碳最多國家，中國和美國都不理會排碳引起環境大災難。中國政府全心全意搞強國夢超英趕美，保護環境會阻礙經濟發展，因此沒有減排意願。美國人看到自己排碳，最大受害人在非洲、中東、南亞和東南亞，特別是那些反美國家，例如伊朗盧特沙漠的沙堡表面最高溫度在 2005 年曾經達到攝氏 70.7 度，成為全球最熱的地方。由於海平面上升，印尼首都雅加達水淹嚴重， 2019 年，印尼計劃遷都至 1,400 公里之外的婆羅洲努山塔拉。菲律賓首都馬尼拉亦有海平面上升的水淹問題。印度首都德里因為空氣污染，冬季幾個月不宜人類居住。氣候轉變對美國的影響只是加州多了一些山火和中部多了龍捲風，墨西哥灣多了颶風，沒有甚麼大不了。美國人不是不管別人死活，而是看不見別人的死活。看不見氣候轉變大災難就覺得不存在，於是繼續在當勞侵領導下開開心心地排碳。

如果你做環保或者綠能生意又或者持有這類公司的股份，應該好好地考慮是否會受到當勞侵當選總統對綠能環保事業的衝擊。例如節能設備和減排碳補貼相關行業。

6.2 禽流感

執筆時，我居住的加州有小童患上 H5N1 禽流感。香港人對 H5N1 禽流感絕不陌生。1997 年，香港爆發 H5N1 禽流感疫情，17 人感染 6 人死亡，撲殺 130 萬隻活雞。這是人類首次感染 H5N1 禽流感疫情。由那時開始，H5N1 禽流感揮之不去，疫情斷斷續續地出現。香港沒有實行中央屠宰，街市仍然有活禽鳥出售。

2024 年年中，即是執筆前半年，美國研究人員意外發現加州的未處理鮮牛奶有禽流感病毒，深入調查發現乳牛患上禽流感。相信乳牛早在 2023 年 11 月感染禽流感，而且在牛群之間互相傳染。傳染可能透過擠奶器接觸傳染，也可能空氣傳染。跟著爆發牛場工人感染牛隻的禽流感。這是天降下來的大災難，牛隻感染禽流感再傳染人類，前所未聞。2024 年冬季應該爆發嚴重禽流感疫情。因此，我也趕快去接受了流感和武漢病毒疫苗注射。之前兩年，我沒有接種疫苗，因為第一次接種痛得要命，見過鬼怕黑，不敢再來一次。2024 年 9 月，形勢凶險，痛也要接種疫苗。2024 年 10 月開始，很多人咳嗽，我也咳了個多星期。11 月，加州出現多宗禽流感病例，最新一宗是小童感染禽流感。看來，大規模禽流感疫情已經開始。

禽流感屬於危險的甲型流感，禽流感主要影響上呼吸道和肺部，可還擴散到腸胃道和腦部。H5N1 病毒令人體免疫系統產生過敏反應，爆發細胞因子風暴。2003 年開始，10 個國家的 277 宗禽流感，死亡率高達 60%。相比之下，武漢病毒十分良善，死亡率只有 2%，而且超過 80% 的死者是 65 歲以上老人。禽流感死亡率高，傳染力強，不分男女老幼都會受到感染，連柔乃孕婦胎兒也逃不掉，一旦爆發疫情，殺傷力等閒是武漢病毒疫情的 10 倍，處理得不好，疫情慘過中世紀黑死病。

由於禽流感的名稱聽起來是流行性感冒的一種，人們對它的反應沒有變種猴痘，愛滋病，結核病等傳染病那麼恐懼。禽流感的初期徵狀和傷風感冒一樣，很多人掉以輕心。禽流感 H5 疫苗早就過時，對 2024 年的禽流感作用有限——如果有的話。缺乏有效疫苗令 H5N1 禽流感更加危險。禽流感疫情大爆發只是時間問題，早晚會來一次。殺死 1,000 萬人的 1918 西班牙流感是 H1N1 禽流感。過了 100 年，當年感染 H1N1 禽流感之後活下來的人已經全部去世，是時候 H5N1 禽流感來一次新的大規模疫情。武漢病毒疫情的全球死亡人數是 700 萬，禽流感的死亡人數是 10 倍的話，將會死 7,000 萬人，不足全球人口 1%。

第七章

日後發展

7.1 當勞侵懂得打咀炮

當勞侵擔任總統之後，美國政策由民主黨轉到共和黨，簡直是反過來做。民主黨支持非法移民、支持墮胎、支持同性戀和變性人、積極減排，不介入外國戰爭，不以關稅作為政治工具。共和黨要抓捕及驅逐非法移民，還要出動國民警衛軍對付非法移民、反墮胎、反同性戀和變性人、拒絕減排，不排除介入外國戰爭，以關稅作為政治工具。

這麼大的改變確實驚天動地，識時務的俊傑紛紛改變宗旨。例如豐田汽車在民主黨拜登時期資助 LGBTQ 活動，即是 Lesbian 女同性戀者，Gay 男同性戀者，Bisexual 雙性戀者，Transgender 雙性別人士，Queer 性別不明的人。這是民主黨的 DEI 倡議，即是 diversity, equity and inclusion initiatives 多元、平等和包容倡議。

當勞侵當選之後，豐田汽車立即宣佈停止資助 LGBTQ 活動，將一直支持的 DEI 倡議重新定位，即是停一停再想一想再說。豐田不是牆頭草，而是識時務的俊傑。相信當初豐田支持

DEI 倡議只是迎口民主黨人的口味。豐田急轉變之前，福特汽車不再公開極基猛禽 Very Gay Raptor 推廣影片，同樣地不再支持民主黨奉行的 DEI 倡議。

這些汽車公司急轉彎，因為他們知道共和黨控制白宮和參眾兩院，共和黨人不是善男信女，君子不立危牆下，停止支持 DEI 倡議較為穩妥。

看到汽車公司集體掉頭，就會知道所有在美國做大生意的公司，不論是否美國公司都不想跟共和黨和當勞侵對著幹。直接地說，大商家都按照當勞侵的説話辦事。他叫美國商人不要買中國貨，誰敢買？他説要壓制中國高科技，誰敢跟中國合作搞高科技？ 他説的話比關稅更有影響力。

當勞侵叫商人不要去中國做生意，誰敢去？ 商人在中國做生意的興趣取決於誰擔任總統。當勞侵當選不利恒指。2024 年 9 月 11 日，當勞侵在 ABC 電視的表現輸給賀錦麗，恒指由 17,100 點爆升至 22,400 點。10 月 2 日，CBS 的副總統辯論中，民主黨副總統候選人添和茲 Tim Walz 表現平平，恒指回落至 20,500 點。當勞侵當選之後，恒指反覆向下，11 月 29 日回落至 19,200 點。雖然跌幅不大，但是從這段時間的恒指走勢看，當勞侵擔任總統時期，恒指很難造好。人民幣匯價可能因為當勞侵的關稅而下跌，進一步拖低港股。

當勞侵説墨西哥沒有好好地把守邊境，讓成千上萬非法移民天天越界，又讓毒品流入美國，若不改善，徵收墨西哥產品 25% 關稅。此話一出，墨西哥立即派兵 6,000 鎮守邊境。這時候，當勞侵還未正式上任。他的關稅大刀，砍下來就是 25%，簡直瘋狂。墨西哥沒法子啦，要做美國人生意又踫上這個愛徵關税的美國總統，只好認命。說不定，墨西哥那邊自己建造邊境圍牆。

7.2 翻舊賬

當勞侵喜歡翻舊賬，例如習近平答應買 500 億美元的美國貨，阻止毒品芬坦尼流入美國 .... 結果都沒有兑現承諾。當勞侵說了很多次會要求習近平兑現承諾，否則重手徵收對華關税。他這樣做，對很多政客和商人來說，是個警告，不要胡亂答應當勞侵的要求。他會記著你的承諾，即使十年八年後仍然會跟你算舊賬。

當勞侵發惡有他的本錢和原由。參眾兩院支持他，整個團隊由他隨意任命。上一任的時候，他得到很多外國政要的承諾，卻被那些人像耍猴子那樣耍到轉來轉去。自己的承諾做足了，別人不兑現承諾。在美國政壇，他被譏為天真幼稚，容易被騙。競選連任失敗，或多或少跟他被外國政要欺騙多次有關。如今大權在握，可以為所欲為，當然要翻舊賬。要翻舊賬，第一個要找習近平。聲言徵收對華關税 60% 就是他的翻舊賬狠話，你不兑現承諾，讓我丟臉。我丟臉，你就要賠錢。

在 2024 年當勞侵宣布將對所有中國進口商品加徵 10% 的關税，稱為「毒品關税」，目的是向中國政府施壓，加強打擊芬太尼等非法藥物的流入。當勞侵指出，中國官員曾向他保證，對於毒販將採取嚴厲措施，包括處死，但他認為中國並未履行這一承諾，因此決定以關税作為懲罰手段。

這一政策反映了當勞侵對中美貿易和毒品問題的強硬立場。他認為，大量毒品，尤其是芬太尼，通過墨西哥流入美國，對美國公共健康造成嚴重威脅。根據美國疾病管制與預防中心的數據，每週有超過 1500 名美國人因藥物過量死亡，其中大部分與芬太尼有關。因此，當勞侵希望通過增加關税去迫使中國採取更有效的行動。此舉可能引發中美之間的貿易緊張局勢升級。中國可能會採取反制措施，如提高對美國商品的關税或限制某些產品的出口。此外，這些關税可能會推高美國消費者的生活成本，特別是在電子產品和日常消費品領域。

中國外交部説，中國是世界上禁毒政策最嚴格、執行最徹底的國家之一。吩坦尼是美國的問題。中國外交部説的美國吩坦尼問題很快變成中國的關税問題。再吵下去，説不定 10% 毒品關税變成 60%。無論這是中國問題還是美國問題，無論道理在哪一方，最關鍵問題是，美國需要中國貨還是中國需要美國市場。吵架沒用，看看中國的經濟現實情況再説吧。

7.3 惡煞作風

當勞侵競選時批評拜登阻止以色列攻擊伊朗核設施。他説，以色列應該一開始就炸掉伊朗核設施，要是伊朗擁有核武，以色列就完蛋。只有惡煞才會説得出這樣的話。這個世界，只有惡煞説的話才得到重視。

2023 年 10 月 7 日，哈馬斯屠殺千多名以色列人之後，真主黨在 10 月 8 日襲擊以色列。由那時開始，真主黨在多國要求下斷然拒絕停火。

2024 年 9 月 26 日，以色列斷然拒絕美國和各國領袖提出的黎巴嫩停火 21 天建議，並且誓言消滅真主黨，取得勝利讓以色列北部居民安全返回家園才會停止戰鬥。以色列和真主黨的戰鬥十分激烈，以色列將貝魯特打個稀巴爛，殺光真主黨所有領袖和軍官。

2024 年 10 月 8 日，遭到重創的真主黨，突然 180 度改變立場，要求停火。這是因為當勞侵當選美國總統，想盡快在他上台之前結束戰鬥。真主黨的停火要求被以色列拒絕。11 月 26 日，以色列內閣批准以色列與黎巴嫩真主黨停火協議，27 日開始實施。美國總統拜登説美國和法國斡旋之下達成停火協議，是個好消息。所有人知道，這次停火是當勞侵的功勞。要是賀錦麗當選，沒有當勞有這個惡煞，無論美國和法國如何努力斡旋，以色列和真主黨絕對不會同意停火。停火之後，真主黨一定要切實執行停火規定，否則，當勞侵不會放過真主黨。

加沙被炸個底朝天，哈馬斯仍然有幾十人質在手。當勞侵在 2024 年 12 月 2 日發表推文，警告哈馬斯立即釋放所有人質。要是在 2025 年 1 月 20 日，他上台之前沒有釋放全部人質，責任人將會遭到前所未有的美國攻擊。

他的警告不是空口打嘴砲，是真正正會狠狠地打擊哈馬斯。因為被脅持人質和死亡人質之中有美國人。當勞侵完全不理會世界各國反對，將美國駐以色列大使館搬到耶路薩冷。他的作風不是善男信女。相信被打至名存實亡的哈馬斯會接受當勞侵的建議，盡快釋放人質。因為內塔説了，釋放一名人質可以得到 500 萬美元賞金，和得到以色列協助移居外地。如果真的像我預料那樣，哈馬斯將釋放全部人質，當勞侵名留青史。

以色列和真主黨停火不是天下太平序幕，而是核戰前奏。以色列不能容忍伊朗發展核武，一定要將伊朗核武連根拔。即使伊朗政教合一政權倒台，以色列仍然要根絕伊朗核武。要根絕伊朗核武，唯一方法是用戰術核武轟擊伊朗地底核設施。俄羅斯介入的話，第三次世界大戰立即開打，美俄互射核彈。即使俄羅斯不介入，核戰有擴大可能性。以色列先將真主黨從黎巴嫩南部趕到北面，以軍從黎巴嫩南部撤回以色列是要將以軍和真主黨分開，避免真主黨和以軍混在一起。大丈夫做事，一不做，二不休。核武攻擊伊朗的時候，以軍可以用大殺傷力武器將黎巴嫩炸成焦土，一舉消滅真主黨，以除後患。這場核戰必然生靈塗碳。

第八章

陰謀論

本章內容是狂隆個人訊息渠道的未經證實傳聞和狂隆的個人理解，不可盡信。放在這裡只供讀者參考，敬請注意。

8.1 人工智能政府

開燈會世界新秩序的最終結局是消滅所有神權、皇權和極權，由人工智能 AI 統治世界。AI 運算速度高，反應快，能夠同一時間處理數以億計數據，完全沒有錯漏。AI 早就超越人類棋王，在各種棋類，包括圍棋，完美地擊敗人類棋王。最重要的事情是 AI 發展速度快至無法想像。最近看過 AI 編寫電腦程式，將要求說出來，AI 自動寫完整的程式，還有註解，這句做甚麼，有甚麼好處和壞處。用過程式覺得不滿意，可以修改，AI 將修改過程和盤托出。程式編寫員很快會失業，如果現在還未失業。AI 製作圖像和動畫、創作樂曲等等絕對是完美又快捷而且不花錢。

以色列和真主黨的戰爭，顯示了 AI 在戰場上的重要性。戰爭中，採用 AI 的一方必然戰勝。最先採用 AI 指揮作戰的國家將會雄霸全球。要有效地作戰，除了由 AI 指揮作戰，還要有強大經濟和良好後勤補給。最先採用 AI 管理經濟和指揮作戰的國家，必然天下無敵。最終，這個國家，或者這個 AI 集團國會雄霸全球。優勝劣敗之下，人類政府無法存在。這個世界再也不會有總統、總理、主席、議員、市長和領導人，甚至法律也不再存在。政府和國會也不會存在而且沒有存在意義。AI 取代所有政制、宗教和極權主義。既然由 AI 決定一切，民主選舉已無意義。

請想像一下未來的世界，沒有政府、沒有警察，沒有醫生護士、沒有法官檢察官、沒有稅局，沒有郵政局，沒有銀行，更加沒有貨幣。汽車全部自動駕駛，還要交通燈和街燈嗎？無人機送貨，大量無人運輸在街上和海上走來走去，空中更加不用說，像天上河流一樣，無人機川流不息。有了送貨系統，還有超級市場、餐廳和商店嗎？ AI 教學，有效而且絕無差錯，還需要學校和老師嗎？

所有資源由 AI 分配，AI 監控所有人的行動。任何人做錯事立即被 AI 處罰。疫情出現，AI 立即行動，以最快速度壓制疫情發展。天災出現之前，AI 疏散居民。最重要一點，AI 取代所有人類工作，人類還有存在價值嗎？

回到最重要問題，為何開燈會要用 AI 統治世界？ 那是因為 AI 程式始終是程式。程式有目的，做事有程序。開燈會創造統治世界的 AI，AI 的性格和目標跟開燈會一致。AI 統治世界就是開燈會統治世界。

8.2 AI 如何取代政府

任何人類的主義和思想、宗教狂熱，全部比不上 AGI 泛用人工智能。人類不可能戰勝 AGI。繼續用人類統治的國家將會淪為次等窮國，沒有前途，沒有希望。

幾百年前的宗教狂熱可以戰無不勝。一聲聖戰就可以集合數十萬烏合之聚，立即攻城掠地，殺人放火。現在，號召數十萬烏合之眾完全沒用。因為現代戰爭是科技和資源定勝負，不是數人頭定勝負。以色列能夠在軍事和政治上雄霸中東，絕對是科技取勝。以色列軍事科技淩駕伊朗，以軍戰機在以色列起飛，經黎巴嫩、敘利亞、伊拉克去到伊朗。以機將全部防空系統打掉，去到伊朗狂炸幾小時，如入無人之境。打掉全部伊朗目標之後，全數戰機安全回到以色列。伊朗發射密集彈道導彈，以色列成功攔截。哈馬斯和真主黨被團滅，伊朗徹底失敗。伊斯蘭國家打不過以色列，因為以色列用 AI，伊斯蘭國用低科技而且越用越低。哈馬斯和真主黨在廿一世紀還用地道戰。伊朗 7 打 1 也吃敗仗。

人類本性是跟隨戰無不勝的天神，為神賣命，為神殺人。最佳例子是未宣佈人間宣言的日本天皇。人類也跟隨戰無不勝的領袖，包括史太林和希特拉。希特拉叫納粹份子殺人，他們就去殺人，想也不想。當人們發現，這些天神和領袖不是真的戰無不勝，人們不再跟隨和信奉這些假天神和無用領袖。AGI 戰勝人類的時候，人類會奉 AGI 為天神，忠誠地跟隨和服從 AGI。

AI 在戰場上大展神威，將真主黨領袖全部殺死，連繼任人也被轟掉。有些還未確定繼任的人，只是得到提名也被幹掉。經濟上，AI 更加了不起。要虛幣市值一夜清零，易如反掌。要股市市值歸零，沒有困難。利用 AI 減省人力，隨時做得到。人類連 AI 如何運作也不知道。難怪有人説，AI 是人類最後發明。

2024 年，AI 逐步取代人類工作，包括各大機構和政府部門。統治者仍然是人類，但是統治者背後有 AI 協助。沒有 AI 的話，電力和通訊中斷，金融服務無法進行，戶口內的錢化為烏有 .... 醫院的病人病歷混亂和無法尋找。

有個非常簡單問題，為何伊朗不用 AI ？伊斯蘭國家不能使用 AI 取代教長的決定，因此無法有效使用 AI。既然伊朗不能使用 AI，沒有理由發展沒用的 AI 科技。因此，伊朗有彈道導彈、無人機和核武技術，沒有 AI 科技。

美國和以色列可以用 AI 做決策，架空總統和國會。說到底，總統是 4 年一任，國會議員任期只有幾年，不停大選小選，政客上上落落。AI 做決策，沒有甚麼大不了。例如美國股市和商品市場由 AI 操盤。大公司的 CEO 失去決策權，可以多點時間呆在高爾夫球場。中共肯定不能用 AI 取代領導人。這是美國在 AI 時代佔據領導地位的原因。

AI 有需求才有發展。美國 AI 科技發達的主要原因是有需求。單是美國軍部就有很多高科技訂單。美國有 AI 訂單就有大量研究經費，有錢能夠吸引人才和資金，營造良好環境發展高科技。中共和俄羅斯的錢沒有走進高科技工業。錢去了哪裡，各位心知肚明，不用說了。

美國的經濟、行政和軍事使用很多 AI 輔助工具，在戰場上和商業上雄霸全球。很快，美國會用 AI 取代聯儲局、政府部門和軍部。沒有使用 AI 的國家無法跟美國爭一日之長短。用 AI 做決策的好處是快而準。美國總統、銀行家、政客和將軍逐漸失去權力，美國國力逐步上升。有了 AI，美國和以色列可以放心打核戰。美國和以色列的損失會最低，敵國的損失將會最高，何樂而不為。打完核戰之後，美國和以色列憑著 AI 可以很快地建立新經濟，新世界，新秩序。

8.3 世界新秩序

很久之前，我在臉書説過，拜燈是開燈元老。拜燈看來老到痴呆，副手小麗是全無經驗的政壇新手，一老一嫩，一個痴呆，一個未啟蒙。烏克蘭總統擲輪司機是個戲子。俄羅斯布丁看見機會來了，立即揮軍直取基輔，鯨吞黑米，大吃烏冬。天曉得他中了開燈天仙局。戰爭拖著，拖著，打個沒完沒了，國力耗盡。另一開燈元老維尼見死不救，布丁戰事失利，無法支援遠在中東的伊朗。2023 年，加沙的哈馬斯屠殺千多名以色列人，擄走二百多人。看似是莫薩特情報錯失，事實上，這也是花了十年磨出來的開燈騙局。一年時間，哈馬斯和伊斯蘭聖戰組織被以色列連根拔起。黎巴嫩真主黨被打至名存實亡。以色列劍指伊朗。2025 年，支持以色列的當勞侵擔任美國總統。以色列可以無後顧之憂，放心地轟掉伊朗的石油和核設施，將伊朗政教合一政權完美地擊倒。布丁政權危在旦夕，俄羅斯反布丁勢力越來越強勁。美國不必拉他下台，俄羅斯人自會將他弄死。

燈災不絕，人禍連年，俄伊朝政權倒下之後，內戰不斷，烽火不息。疫情和全球升溫惡化，飢荒跟著爆出來。這麼一搞，內戰飢荒將中東轉化成東非的人間煉獄。世界新秩序立即開始。

先來看看拜燈這個老鬼總統。他上任後立即爆發武漢病毒疫情，跟著爆發俄烏大戰，再來個以哈大戰、以真大戰，以伊大戰 .... 美國領導全世界使用急就章的 mRNA 疫苗。拜燈還未卸任，美國國債突破 36 萬億美元。他的 4 年任期可以說天翻地覆。說他是搞世界新秩序的開燈元老，應該說得過去吧。

傳呼機和對講機爆炸將真主黨領導層炸到團滅，真主黨通訊中斷，無法有組織地作戰。真主黨戰場失利，傷亡慘重。這件事有個謎團，為何真主黨買台灣傳呼機和日本對講機？台灣和日本是老美團夥，為何不買中國製造的傳呼機和對講機？難道真主黨人信任台灣和日本多過信任中共？ 難道產能過剩的中國無有能力生產那些過時的通訊設備？

要是真主黨使用中國製造的傳呼機和對講機，這些通訊設備由中國直接運到伊朗再轉送到加沙和黎巴嫩，以色列無法將這些東西改裝成遙控炸彈。真主黨在戰場上就不會輸得那麼慘。事情的真相是真主黨曾經想買中國製造的傳呼機和對講機，被維尼一口拒絕。真主黨才會買台灣和日本貨讓以色列有機可乘。由此可見維尼是推動世界新秩序的開燈元老。

拜燈上台後，給伊朗 160 億美元。他在釋放俘虜交易中，給伊朗 60 億美元，哈馬斯立即發動大屠殺。拜燈讓伊朗增加石油出口，主要輸往中國。他上台前，伊朗每日出口石油約 30 萬桶。他快要落台時，伊朗每日出口石油 300 萬桶，增加 10 倍。他還將數以億計美元送給加沙的巴人，即是將很多錢送給哈馬斯。沒有拜燈的金援，若果內塔沒有釋放也也鮮華，要是以色列沒有情報失誤，如果內塔堵塞哈馬斯的地道，哈馬斯沒有能力搞 10 月 7 日大屠殺。

拜燈是神又是鬼，一邊給很多錢伊朗。伊朗又將拜燈給他的錢送給哈馬斯和真主黨。另一邊拜燈給以色列很多軍火，多至能夠將整個中東炸成廢墟。內塔和拜燈玩相聲，一唱一和。內塔將加沙炸成廢墟，拜燈日日叫停火又日日將軍火送到以色列。最搞笑是拜燈搞的加沙人道援助碼頭造價 3 億 5,000 萬美元，只用了幾天，大鑼大鼓將幾十車物資運入加沙就拆下來交到旁邊的以色列。現在，這座碼頭是以色列軍用碼頭，將美國軍火運入以色列。這樣的棟篤笑只有拜燈搞得出來。

內塔也不簡單，發動 10 月 7 日大屠殺的也也鮮華就是他從以色列監獄放出來。也也鮮華因為殺死兩名以色列士兵被捕入獄。在以色列監獄中被發現腦部長出罕有腫瘤。以色列醫生搶救才為他撿回性命。跟著，以色列無厘頭用千多名巴人囚犯換回一名以色列士兵。拯救和釋放也也鮮華的人是現任以色列總理內塔，最終殺死也也鮮華的人也是內塔。

內塔有機會拔掉伊朗的核武，卻在 2024 年 10 月空襲伊朗時只炸掉伊朗核武設施一部份，完全沒有轟炸石油設施。這次以色列空襲伊朗是美國與俄羅斯軍事科技比拼。結局是美國軍事科技完美勝利。由敘利亞、伊拉克一直去到伊朗，防空系統及雷達全部被打掉，證明美製 F35 戰機可以摧毀俄製 S400 空防系統。伊朗空防系統全軍覆沒之後，以軍將伊朗無人機和彈道導彈兵工廠炸個稀巴爛。伊朗彈道導彈基地只剩下彈坑。

軍備這東西，沒有實戰不知實力。美國人看到，笑翻了。台灣人看見，這還了得，原來我們的美製軍備優勝過中共的俄式軍備 A 貨那麼多，還怕甚麼武統？ 不怕武統的台灣人，膽子大了很多。

俄羅斯和北韓手中只有一張牌，核戰。要打就打核戰，要不就投降。事情發展至如此地步，伊朗只能向俄羅斯求救，即是將戰爭擴大，期望西方國家不敢打核戰，讓伊朗政教合一政權活下去，讓伊朗核武計劃持續進行。問題是，歐美和以色列很想打核戰。核戰威脅正中下懷。

全面核戰爆發是人類文明終結之時，市場有甚麼反應已經不重要。能夠活下來才最重要。區域性核戰的市場反應會十分激烈，因為沒有人知道會否發展成全面核戰。核戰開打，股價樓價歸零的可能性很大，還有沒有股市樓市是個問題。金融系統是否存在又是另一問題。既然如此，全面核戰的市場反應可以不理。核戰危機的市場反應才是最重要。核戰危機的市場 .... 根本上沒有反應。

8.4 核戰危機

要搞世界新秩序，一定先搞核戰，將世界人口減少至地球資源可以承擔的水平。人類發明核武之後，核戰危機一直存在。奧巴馬在任美國總統時曾經兩次討論不首先使用核武器政策及建立無核武世界。結果，奧巴馬最終沒有發表不首先使用核武宣言。美國的不三不四核戰策略維持一段很長時間。直至俄羅斯入侵烏克蘭，布丁威脅使用核武對付援助烏克蘭的國家。這時候，美國總統拜燈開始構思新的核戰策略。2024 年 8 月 20 日，紐約時報報導，美國總統拜燈於同年 3 月下令五角大樓準備好跟俄羅斯、中國及北韓進行有協調的核戰對抗。美國想增加部署核武。這些政策加入使用核武指引 Nuclear Employment Guidance。

新的使用核武指引和舊指引有何分別？舊指引只針對俄羅斯。新指引訂明核戰爆發之前或者核戰爆發時，一次過消滅俄羅斯、中國和北韓。例如北韓突然發動核戰，美國不理會俄羅斯和中國是否支持北韓打核戰，而將這 3 個國家一次過打掉。

核戰本身沒有贏家，只有輸家。要是俄羅斯發射核彈，無論射向歐洲也好，射向美國也好，即使美國能夠在核彈剛發射時將它轟掉，核爆仍然會消滅地球上大部份人口。全面核戰爆發之後，全球超過 9 成人口會在幾年之內死亡。核戰嚴冬降臨的時候，全球人口不足一億。嚴冬結束時，全球人口將少於 100 萬——如果還有人類的話。

俄羅斯和中國不敢打核戰，核戰威脅只是説説罷了。因為他們知道美國核戰力極為強勁，打核戰是死路一條。可是，北韓肥仔金在政權不穩時，很可能發動無厘頭核戰。肥仔金下令核戰部隊備戰，很難預測跟著下來會有甚麼事情生。核戰一旦爆發，美國會立即攻擊俄羅斯和中國。

更加難以估計的國家是伊朗。伊朗可能已經擁有相當原始的核武。伊朗很可能用核武打以色列，結局和北韓打核戰一樣。

當勞侵當選總統之後，核戰危機升級。民主黨人是反戰派，共和黨人是好戰派。民主黨面對核戰威脅只想談判及和解，沒有打核戰的意願。民主黨人提出促進公平和包容的覺醒計劃 Woke。賀錦麗就是覺醒計劃的主要支持者。要是她當選，美國一定以公平和包容作為國策，不會打全面核戰，美國被核攻擊的機會機會上升。

布殊兩父子都是共和黨人，兩人曾經擔任美國總統。老布殊打第一次波斯灣戰爭，小布殊打第二次波斯灣戰爭。因此，俄羅斯、伊朗和哈馬斯在共和黨總統當勞侵時期不敢亂來。民主黨總統拜燈執政時，俄羅斯、伊朗和哈馬斯立即發動戰爭。當勞侵擔任總統，參眾兩院都是共和黨控制，只要俄羅斯、中國、伊朗和北韓亂來，他會毫不猶豫地攻擊那些反美國家。反美國家威脅打核戰就成全他們吧。共和黨執政時，俄羅斯和北韓只要威脅發動核戰，美國立即擺出核戰姿態回應。每次都是反美國家退讓。

美國新任國防部長是親共和黨霍氏新聞 Fox News 電視台主持人皮特海格塞斯 Pete Hegseth。他是美國國民警衛軍上尉，完全沒有國防部高級將領的軍事經驗，卻掌管全球最強大軍隊。他的委任令全球震驚，特別是五角大樓。這個選擇很有意思，只有認識軍事有的人才會明白箇中道理。他從來沒有國防部高層經驗，外國人無法知道他的軍事策略和目的。這是開戰前的準備。國防部內的其他高級人員才是統領三軍的真正人物。那就是給反美集團猜猜誰是主角。海格塞斯屬於好戰派，反對主張和平的覺醒計劃。

當勞侵的盤算簡單直接，核戰危機不能和平了結，一定要開打而且打殘全世界。戰後重整經濟，過去的國債、承諾和福利一筆勾銷。對美國來說是完美結局，對美國以外的國家來說是大災難。即使不打核戰，只是核戰危機，外國人爭著買美元避險，爭著將錢借給美國。對美國來說，十分美妙。

核戰一觸即發，沒有人去想，大家只是看著股市樓市升跌，藝人的桃色醜聞和美國大選等等。女明星乳房變形的新聞價值是南極冰川急速融解的幾十倍，是北韓威脅核戰的幾百倍。無論對方是甚麼人，在甚麼地方，我談到核戰危機，所有人呵呵大笑。甚至有人跟我說，「去看醫生，吃藥吧。」

8.5 美國經濟雄霸全球

八國聯軍和太平軍將滿清打殘，滿清仍然扛得住。滿清卻覆亡於 1910 年的滿清第一場股災。明朝覆亡也是因為經濟崩潰，蘇聯解體不是因為戰敗，而是經濟崩潰。由此可見，亡國的最重要因素是經濟崩潰。

美國的經濟制裁令敵國經濟崩潰，國力衰弱，不攻自破。反美的越南、古巴和委內瑞拉先後經濟崩潰，反美政權都扛不下去。北韓、俄羅斯和伊朗長期被美國制裁，當然也無法支持下去。香港人常說，窮則變，變則通。我是窮書生，深深地親會到窮人除了變死屍，沒得變。變通只是富人的奢侈品。國家也是一樣窮國只有死路一條，要變只能變得更窮。

美國國債 36 萬億美元，可以說資不抵債。56% 美國人拿不出 1,000 塊錢，可以說民窮財盡。但是，同一時間，美國經濟實力雄霸全球。美國支持以色列的最大原因，是美國財政操在猶太人之手。猶太人擅於財技，正是美國經濟雄霸全球的原因。

2024年，以色列在7條戰線跟伊朗大混戰。以色列勢如破竹，伊朗集團無法招架，由集團變成團滅，主要原因是反以集團財政崩潰。看看參戰各國的通脹數字就會明白經濟情況對以色列有利。以色列的2024年8月通脹率是3.6%，屬於健康水平。加沙的通脹不必說了，被炸到石器時代，除了石塊和泥土，幾乎甚麼東西都沒有。

伊朗的通脹率由2021年開始，一直維持在40%以上。伊朗的最忠實盟友委內瑞拉，2020年通脹率2,355%，2021年1,588%，即使通脹大幅度回落，2024年仍然是100%。伊朗的另一親密盟友土耳其，2022年通脹率是72%，2024年通脹率60%，算是實質回落。黎巴嫩的2022年通脹率是171%。2024年回落至35%。

1伊朗里亞爾只能兑換0.000024美元，即是1美元兑42,000里亞爾——如果換得到的話。

黎巴嫩人均GDP4,330美元，敘利亞只有782美元，絕對是赤貧。伊朗的2024年人均GDP是5,849美元，以色列是43,528美元，英國是51,070美元，美國是66,451美元。

伊朗期望俄羅斯打救是妙想天開，因為俄羅斯的人均GDP只有10,681美元，只有伊朗的兩倍，是美國的1/6。

俄羅斯GDP 2萬億美元，伊朗3,888億美元，黎巴嫩226億美元，加沙9,200萬美元。美國GDP是25萬億美元。整個俄伊集團的GDP加起來只有美國GDP 1成。

想知道戰爭如何花錢，看看F35戰機就知道，不計算維修保養、零件和訓練，單是戰機造價就是每架1億美元。以色列訂了75架F35，已收到39架。愛國者防空導彈每枚380萬美元。每枚次世代攔截導彈價值1億1,100萬美元。相對美國和以色列武器，伊朗導彈和無人機是廉價低檔貨。一枚伊朗導彈造價只是10萬美元，無人機2萬美元。因為伊朗沒錢花在購買和製造軍備，現在仍然使用越戰時期的戰車和戰機。伊朗導彈只有一半成功射向以色列及被以色列輕易擊落，其中一個原因是伊朗導彈太粗劣，真是一分錢，一分貨。伊朗粗劣的導彈給以色列防空系統很大麻煩。因為伊朗導彈在空中解體，經常失靈亂飛，很難預測它的軌道，導致高科技防空系統攔截失敗。伊朗向以色列發射密集彈道導彈，最多人死亡的國家是伊朗。導彈在發射坑爆炸，炸死炸傷十多名伊朗火箭軍。射到以色列的導彈只打死一名在西岸的巴人。

從財力看，戰爭是燒銀紙，伊朗集團個個赤貧連吃飯也吃不飽，哪裡有錢跟財雄勢大的美以集團打仗？當勞侵上台之後，反美集團要跟美國開戰，十分容易，要收拾殘局會十分困難。

8.6 全球升溫帶來世界新秩序

當勞侵當選美國總統是全球升溫急速惡化的起點。他否定全球升溫和氣候轉變有他的動機。美國不增產石油就不能壓低油價繼而壓低通脹。至於氣候轉變，早就走上不歸路，主要海洋環流已經停下來，極端氣候不停出現。2025年開始減排，無論如何努力，必定徒勞無功。既然如此，乾脆說全球升溫，氣候轉變是自然現象，不必理會。共和黨只著眼於美國再次強大，氣候轉變的主要災難和受害人都不在美國。美國排碳，中東、非洲、南亞和東南亞國家吃碳，他媽的反美中東國家死也好，活也好，共和黨人不理會。美國傳媒絕少報導全球升溫將中東烤至半生熟的慘況，也不報導冰川大撤退。美國傳媒和社會主流意見將全球升溫視為異端邪説。因此，美國人完全不知道美國石油業的麻煩有多大。

美國成為能源淨出口國始自 2011 年，我在電視節目隆中對説了，不是事後諸葛。説到頁岩油，我真的百感交雜。美國石油業是存在已久的古老工業，頁岩油是新興工業，兩邊不配合。美國大量進口原油又大量輸出原油，因為出口多過入口，成為淨能源出口國。問題是，美國出口大量原油，為何又要進口原油？

問題出在頁岩油的開採方法令到頁岩油一定是高質輕油。美國的古老煉油廠只能處理劣質重油。美國將開採出來的頁岩油運到海外，將海外的原油運到美國。外國喜歡使用高質輕油，不喜歡劣質重油。美國不想投資煉油廠，結果，美國輸出輸入原油成為美國石油工業怪現象。出口頁岩油和天然氣（開採天然氣的副產品）絕不容易，要由散佈內陸各地的頁岩油基地將頁岩油和天然氣送到港口。要是當勞侵真的大搞頁岩油，那就要重整美國石油工業，興建新的煉油廠和運送原油管道。美國石油商不想興建新的煉油廠，因為美國政治每 4 年變臉一次，無法做長遠煉油廠投資計劃。現在投資興建煉油廠，未投產又轉個熱愛減排的民主黨政府。國會立法禁止煉油廠污染，煉油廠投資化為烏有還丟下要清理的煉油廠爛攤子。當勞侵任期只有 4 年，投資煉油廠是百年大計，政治風險太大。那就是說，美國只能在當勞侵在任時不停將原油運來運去。交通運輸有很多樽頸，很容易去到飽和。以前曾經試過因為美國運輸石油出了問題，油價去到負數。當勞侵的發展石油工業，增加石油開採量的計劃會踫到運輸石油限制而泡湯。我不看好美國增產頁岩油。如果真的成功增產頁岩油，美國無法承受嚴重環境污染和交通問題，全球升溫和氣候變化會加速惡化。

氣候變化是全球大災難也是世界新秩序一部份。只要氣候走上不歸路，冰河時期來臨，全球人口會接近滅絕。活下來的人可以決定世界新秩序。

全球升溫有個很好解決方法，利用核戰嚴冬停止現在的全球升溫，在人口大量減少之下有計劃地重新啟動全球氣候。氣候變化引起的冰河時期是無秩序減少人口，核戰是有秩序減少人口。

8.7 人口結構轉變

南韓和日本的每千人出生率是 7, 中共國和香港是 10。看起來，好像香港的出生率不低。事實上，每千人一年出生 10 人是人口老化大災難。10 年後，香港平均年齡 55 歲。再過 10 年，香港平均年齡去到退休年齡。

年青人要供養上一代和上一代的上一代，還要承擔高昂社會福利開支。樓價高不可攀，無法成家立室，安居樂業。再加上工作難找而且越來越難找。對男性來說，結婚是　不起的大包袱，只能終生不娶。女人找工作難，找配偶更加困難。不婚不育成為新潮流。香港很快會追上日本和南韓，出生率降至7。

2023 年，日本人口 1 億 2,450 萬。由於日本女人生育率只有 1.26 胎，預計日本的 2100 年人口 6,278 萬，只有 2023 年的一半。年青人集體躺平的中國和香港，情況應該更糟。77 年人口減半確實是經濟大災難。

2022 年，中國總人口減少 85 萬。2023 年，人口再減 208 萬。人口負增長就是人口老化。60 歲以及 65 歲以上人口，分別上升到 21.1%、15.4%。 2035 年，中國 60 歲及以上退休年齡人口，將會增加到 4 億以上。最麻煩是中國在短短 5 年時間新生兒數目大減 40%，再這樣下去，中國很快變成不婚不育老人國。人口減少令消費萎縮，生產力下降。

人口結構轉變是社會結構性變化，無法用行政手段改變。當年中共搞一孩政策時，可以抓孕婦去墮胎，肯定完成任務。要婦女每人生兩胎可不能抓女人去人工受孕強迫生育，對嗎？

中國和香港年青人不婚不育的主要原因是樓價太高，無法負擔生活費。人口老化，兩夫婦要負擔上一代 4 個老人養老費和下一代 2 個子女的生活費，若果祖父母未去世，那就更麻煩。醫療和教育費用　升至完全失控，養老開支是無底洞。無論年青人如何努力工作，絕對沒有可能安居置業。一個像樣子的兩房住宅，等閒要 600 萬港元，首期 180 萬，兩口子一齊出外工作也無法在生育年齡完結之前儲足首期。連首期也沒有，供樓就不用說了。2020 年中美貿易戰證明美國的關稅有效地打殘中國經濟，再來一次，中國和香港經濟會更慘淡。不婚不育情況更加嚴重。

美國沒有人口老化問題，因為美國是移民國家。無論合法還是非法，移民總是年輕人。很難想像老人搞移民或者走線到美國。當勞侵的移民政策是趕走所有非法移民，吸收「合適的合法移民」。美國可以通過移民吸納大量資金、人才和技術，最重要是將人口返老還童。更加簡單地説，趕走那些要美國政府供養的非法移民，接收那些有經濟能力在美國花錢的富人移民，從中得益。被美國吸走富有年輕人的國家會十分悲慘，資金流失又人口老化。

當勞侵可以利用移民將美國人口年輕化，中國那邊沒有吸引移民能力，人口老化沒法阻擋，東降西升，無法逆轉。世界新秩序會因此出現。

8.8 網絡戰爭

伊朗停留在二十世紀舊軍備和戰略，以色列早就採用廿一世紀戰略。情況等同伊朗用弓箭，以色列用機關槍。網絡攻擊的損害最龐大但是完全看不見，無法捉摸。例如真主黨財政使用傳統方式。伊朗給真主黨領袖某一金額虛幣。這些虛幣可以用來直接支付海外和黎境內某些貨款。真主黨人支薪由領袖分發給各地頭目，再由頭目分發給下面的恐怖份子。

2023 年，以色列和真主黨開戰之後，以色列的網絡攻擊拿走真主黨的虛幣。部份真主黨人在 2024 年年底已經 8 個月沒有支薪，有些人斷糧 6 個月。這些真主黨武裝份子只能搶掠渡日。正因為真主黨搶掠，黎巴嫩人開始討厭真主黨。伊朗派人接管真主黨及將美元現鈔送到黎巴嫩應急。真主黨沒有領袖，無法通過以前方法支薪。伊朗想到用銀行分行核實支薪人身份及通過銀行戶口分發薪金。以色列轟掉黎巴嫩的銀行，真主黨人要長期斷糧。恐怖份子沒飯吃，最慘那些被傳呼機炸盲和炸斷手的真主黨人，傷殘還要斷糧。相信已經有很多人餓死了。

以色列曾經黑了伊朗核設施。這樣的網絡攻擊防不勝防。以色列可以關掉伊朗水電，破壞金融系統，擾亂交通和通訊 .... 總之，網絡攻擊無孔不入。除了破壞之外，網絡攻擊可以截取敵人情報和掌握敵人領袖位置，進行斬首行動。

除了網絡攻擊還有千奇百怪的高科技攻擊。真主黨的傳呼機和通話器爆炸就是高科技攻擊的代表作。

有人說以色列攻擊伊朗，戰機要空中加油。因為伊朗和以色列相距 2,300 公里。10 月的美國最高機密文件洩露顯示以色列擁有機載彈道導彈，戰機不必空中加油，只要爬升到一定高度就可以空襲伊朗。這些導彈可以攜帶核武。用核武攻擊伊朗地底核設施可以確保這些核設施永遠不能使用。

攻城為下，攻心為上。打掉伊朗的核武計劃，伊朗沒有任何方法擊敗以色列，肯定出現信仰危機。哈馬斯恐怖份子集體向以軍投降就是他們不再相信哈馬斯。真主黨向以色列扯白旗談停火也是對戰爭失去希望。伊朗也失去希望就是中東反以勢力大勢已去。

網絡戰爭完全一面倒，美國完全控制網絡。互聯網和全球定位系統是美國軍部開發出來的系統，無償提供全世界所有人使用。很難想像美國軍方將自己的重要電腦系統拿出來跟敵人分享。這些系統裡面一定加入了甚麼古怪東西，有需要時可以由美國軍方操控網絡和定位系統。要搞世界新秩序，網絡攻擊是最有效搗亂手法，讓全世界陷入混亂。舊秩序沒有了，自然要成立新秩序。

當勞侵跟其他美國總統不一樣，他有科技巨頭以浪抹屎撐腰。以浪抹屎在通訊科技上手執牛耳。他控制全球 2/3 使用中人造衛星。他的 SpaceX 發射第 7,000 枚星鏈衛星。俄烏戰爭剛剛開始的時候，烏克蘭關掉全部通訊和定位裝置，使用星鏈通訊和定位。俄軍的先進軍備失去通訊和定位功能，失去烏克蘭戰爭的軍事優勢，被打個落花流水。在以浪抹屎的支持下，當勞侵可以打網絡戰，百戰百勝。

8.9 反美集團內部分裂

俄羅斯、中共國、伊朗和北韓走在一起，勾心鬥角，各懷鬼胎。北韓的完全孤立極權統治根本上和任何國家結盟都是咀巴說說罷了，沒有真心真意。伊朗是政教合一的伊斯蘭哈利發政權，視奉行無神論共產主義的中國和北韓人民是天生下來就該殺的異教徒。俄羅斯極權政府和中共國及北韓也是格格不入。這四個國家天南地北，首尾不能相顧，經濟殘破，民生凋零，資源短缺。

北韓肥仔金說中國是宿敵死敵，俄羅斯截了輸往中國的天然氣。中國被伊朗視為兩頭蛇，跟伊朗結盟又跟伊朗的死敵沙地結盟，跟伊朗秘密交易又跟美國有龐大生意來往。伊朗不信任中共，中共也不信任伊朗。中伊結盟第一天開始就是同床異夢。

俄羅斯在俄烏戰爭中失敗，急需軍火，中共卻拒絕軍援，見死不救。伊朗陷入危機，隨時被以色列打個稀巴爛，俄羅斯布丁也是見死不救，還利用伊朗跟歐美討價還價，謀求有體面地結束俄烏戰爭，保存布丁政權。替壞人做事不會有好結果。伊朗軍援俄羅斯，有恩於布丁卻遭到布丁以怨報德。

美國和以色列的結盟是真真正正結盟。伊朗向以色列射彈道導彈，美軍聯同以軍一起攔截導彈。美國給以色列的軍援和經濟援助能夠滿足以色列軍事行動需要。以色列一個小國可以打敗中東所有國家，背後一定有很大靠山。

中東國家，個個都是豬隊友，走在一起立即打起來。第二次世界大戰時，英軍有句名言，不怕前面的德軍，最怕後面的法軍。當今形勢，反美陣營的失敗不是歐美大強大而是反美陣營個個見死不救還要幸災樂禍。

核戰危機搞死俄羅斯和伊朗之後，順美者倡娼，逆美者亡的世界新秩序立即開始。

反美陣營內部分裂的時候，當勞侵為首的美國和親美集團有強大凝聚力。當勞侵跟中國打貿易戰，歐盟立即要增加中國貨關稅。因為香港事務而被中國制裁的魯比奧擔任美國國務卿，歐洲委員會立即計劃撤消香港關稅優惠。當勞侵親台，多個國家通過動議說聯大第 2758 號決議沒有處理台灣政治地位。這樣的凝聚力是美國史上罕見。

第九章

大選後新時代

9.1 美國大選的民主黨內鬥

民主黨提名總統候選人的程序是民主黨總統初選有了結果之後，由民主黨大會正式提名候選人。拜登在初選勝出之後，沒有得到黨大會提名。他不是政壇初哥，知道這是甚麼一回事。其實他任內的工作將他幾乎迫瘋。剛上任就接了當勞侵丟下來的疫情爛攤子。爛攤子還未收拾好，通脹爆升至 9%，俄烏大戰爆發，跟著哈馬斯搞大屠殺。一把年紀的拜登確實大操勞，應該是時候退下。可是，被自己人有預謀地迫退，可不好受。

2024 年 7 月，第一次電視直播總統辯論之後，蘭茜佩諾茜和奥巴馬聯手迫拜登退選。這次迫宮十分尖酸刻薄，將拜登塑造成沒用的痴呆老頭。擺到明佩諾茜和奥巴馬阻止民主黨大會正式提名拜登，好識他們日後轉換總統候選人。拜登的辯論表現差和施政大失民心，特別是提供軍火給以色列狂轟加沙，傷了不少民主黨左膠的心。最要命是通脹令美國人生活困難，拜登支持度跌至谷底。老實説，任何人那時候當總統，不會做得好過拜登。他失去民主黨兩位大人物支持，退選是無可奈何。

佩諾茜和米雪是民主黨內 3 個最有影響力女人之中兩個而且佩諾茜一直想將米雪扶正。例如 2020 年 5 月，佩諾茜發起請願，推翻黨勞侵的停止郵寄選票。她故意和米雪一起搞這宗請願。佩諾茜想奧巴馬的妻子米雪奧巴馬頂替拜登參選。

拜登退選，米雪奧巴馬在佩諾茜支持下當然順理成章頂上。但是，民主黨還有另外一個有勢力的女人，克林頓的妻子希拉莉。希拉莉曾經在 2016 年參選總統，被當勞侵擊敗。

奧巴馬擔任總統的時候，希拉莉是國務卿，因為奧巴馬不放權給她。她參加國際會議被譏為老太婆逛街。克林頓跟奧巴馬反臉。這次米雪要參選，當然先過克林頓這一關。克林頓提名希拉莉參選說米雪的政治經驗不足，難登大雅之堂。奧巴馬反過來說希拉莉輸了一次不夠，還要再輸多一次。兩邊火力全開，鬧得非常不愉快。

民主黨少了克林頓支持，只有半個黨。他堅持若果希拉莉不是民主黨候選人，他會親手給民主黨翻艇。民主黨的另外半個黨在奧巴馬手中。奧巴馬堅持如果米雪不是候選人，他會打沉民主黨。佩諾茜跟克林頓和奧巴馬關係良好，夾在中間，變成上海人說的「擦爛戶」。佩諾茜主張由民主黨大會決定誰是候選人，少數服從多數。克林頓和奧巴馬同意由民主黨大會決定。

拜登不是善男信女，在佩諾茜和奧巴馬迫宮之下，賴著不走，去到緊急關頭，在沒有預告之下，先斬後奏，突然公開提名副總統賀錦麗參選。民主黨大會還未召開，事實上不夠時間再來個初選，賀錦麗的競選活動已經開始。肚子被搞大了，米已成飯，不能不上花轎過門。佩諾茜質問拜登，他說自己沒有得到民主黨大會提名而參選，賀錦麗為何不可？佩諾茜迫拜登退選卻被拜登反過來戲弄。克林頓勃然大怒，不支持民主黨候選人賀錦麗。奧巴馬也不支持小麗。佩諾茜兩面遊說，說了 5 天才說服奧巴馬支持小麗。奧巴馬和米雪為賀錦麗站台，米雪其實為自己政治生涯舖路。她的政治影響力可以說去到哪裡衰到哪裡。為賀錦麗助選的州份全部敗選。

克林頓沒有動搖立場，民主黨只有黑派選民投票，克派選民不投票。少了半壁江山，大選中賀錦麗大敗和民主黨全軍覆沒。賀錦麗敗選之後，佩諾茜抱怨拜登太遲退選。要是他早一點退選，民主黨可以再來一次初選，那就不會輸得這麼慘。她告訴紐約時報記者，「如果總統早些退選，可能有其他候選人參選。」言下之意，本來應該由米雪頂上，只怪那個痴呆老頭賴著不走，令民主黨臨急接受他推出來的賀錦麗作為候選人。

佩諾茜站出來作事後檢討，克林頓也有話說。當年希拉莉敗選令他兩年時間睡得不好。她敗選的原因是俄羅斯黑客抓希拉莉的黑材料，FBI 用這些黑材料調查她錯誤使用電郵。

簡單地說，那是有人聯手俄羅斯布丁搞政治迫害。誰迫害她，非常明顯就是她的對手當勞侵。克林頓本人曾經在 1996 年因為萊溫斯基在白宮吃總統醜聞而遭到彈劾。克林頓兩夫婦都受到政治迫害，難怪克林頓經常失眠。

9.2 種族衝突

前文說到白人克林頓不支持黑人女總統候選人賀錦麗。前黑人總統支持黑人候選人跟白人總統候選人當勞侵打對台。共和黨和當勞侵被説成白人主義，反過來，民主黨被説成黑人主義。這場大選變成黑白種族之爭。

在民主黨拜登總統領導下，美國實行多元公平共融政策 DEI policies, Diversity、Equity、Inclusion，在大學和軍校收生、聯邦政府少數族裔承包計劃等等讓不同種族和性別得到平等機會。美國政府花很多錢搞多元公平共融政策，政府效率因此降低。事實上，這樣的政策反過來在美國社會造成種族不公平。政府做甚麼事情都要搞多元共融，多生枝節，越搞效率越低。

説句老實話，現在的美國種族歧視法律和政策已經走火入魔。迪士尼電影公司起用深膚色的 Rachael Zegla 飾演白雪公主。黑人應徵聖誕老人工作被拒，因為受聘的人全部是白人，於是起訴拒絕聘用的公司犯了種族歧視。這樣的無厘頭官司無日無之。拿黑人來開玩笑是禁忌，2016 年的中國洗衣產品廣告，黑人被塞進洗衣機，洗過之後變成皮膚白皙的亞洲面孔。美國媒體拿來大造文章，變成種族歧視廣告。黑人牙膏 DARKIE 因為名稱有種族歧視含義，1989 年改為 DARLIE，中文名稱仍然是黑人牙膏。2022 年，改為好來牙膏。2024 年 4 月，DHL 速遞公司派黑人司樣做比較危險和困難工作，被聯邦政府提告，因此支付 870 萬美元。案件的受害黑人僱員只有 83 人，每人獲得超過 10 萬元賠償。我覺得種族歧視的公司要賠償受害人，合情合理，但是，賠償金額動不動幾百萬美元，有點過份。再説，事件可以通過勞資協商解決，何必勞動聯邦機構？聯邦機構嚴格監察種族歧視個案，哪有時間做別的事情？

當勞侵將會大手削減政府開支，當然先削掉多元共融計劃撥款。我贊成這樣做。因為利用法律和政府執法，巨額罰款等手段不可能解決種族歧視問題，只會勞民傷財。

自從奧巴馬擔任總統之後，甚麼事情都跟種族歧視扯上關係。不支持奧巴馬就是種族歧視。有位黑人不支持奧巴馬竟然被標籤種族歧視者。驅逐非法移民被説成種族歧視。總之，美國人不想跟種族歧視扯上關係，任何事情説成種族歧視就會天下無敵。當勞侵來個釜底抽薪，取消多元共融政策撥款，讓種族問題淡化。

9.3 美國教育差劣

先要説明一件事，我喜歡美國教育制度。年青時，1980 年代初期，我在理工學院修讀紡紗工程。我的成績很好，第一年得到獎學金。畢業前被老爸趕到街上流浪，連吃飯也沒著落，穿著破衣爛鞋在理工學院飯堂吃白飯喝白開水。找社工幫忙，被那位大姐臭了一頓，扔下我在小房間。牙痛去找醫生給我止痛藥，醫生叫我去看牙醫，我説沒錢看牙醫，他也扔下我走了。找系主任幫忙，免去我的畢業前實習，因為我一定要去工作賺錢維持生活。他沒有幫助我反而罵我穿爛鞋。考試的時候，計算機沒電，找監考的人借計算機用，桌上明明有幾部計算機，她不借給我。最後，我被開除學籍。跟著下來十多年，我無法報讀任何課程。有僱主推薦書也被拒絕修讀翻譯證書課程。來到美國加州之後，在薩克拉門托城市大學修讀美術副學士學位，使用理工學院的學分，以近乎完美的極佳成績畢業。

使用理工學院的學分是對理工學院的反撲，你不讓我畢業，我在美國畢業。在加州，只要有心求學就有機會完成學業。在香港，專上院學不知道瘋了還是傻了，認定有些人不可以在學校讀書。

美國教育差劣，但是，不比香港差。最低限度，美國的中學畢業生寫信和填表格不會有語言問題。這裡説的美國教育差劣只是整體情況，平均地看。美國有很多成績極佳的優秀學生，當然也有成績差劣至不堪入目的學生。私立學校和公立學校的程度差距很大，不同地區的學校也有很大差距。主要原因是校區內窮人多，新移民多，教育經費不足，那就不會有良好學校。要是校區在富人地區，教育經濟充足，學校質素當然良好。

整體教育程度差不是大問題。經濟、科技和學術領域只要有幾個頂尖人物就夠了，不必每個學生都是精英。美國的情況更加特殊，有機會就有人才，全世界人才聚集在美國令到美國有機會，有資金又有人才技術。美國最了不起的教育不是中小學教育，而是頂尖科技高等教育。美國最需要是也是頂尖科技高等教育。

美國教育有很多問題，包括撥款不足，教師不足，學生程度差距太大等等。例如新移民多的公立學校被不懂英語新移民學生拖低學生成績，因為無法達到州政府訂立的標準而被關閉。例如薩克拉門托高校 Sacramento High School，因為校區內不懂英語移民學生太多，無論如何努力教導，學生成績仍然很差，最終關閉。

美國學生數學和理科成績差是人所共知的事實，但是，這是整體而言。數學和理科成績差的學生集中在某一群體和種族。美國的白人和亞洲人學生成績相當好，比得上香港任何名牌中學。美國大學的電腦系學生幾乎清一色白人和亞洲人。擔任電腦工作的人自然也是這樣。這樣的情況被視為種族不平等。因此，左膠大學出現「黑人主義」。例如著名大學收生的時候給白人和亞洲人扣分，給黑人和回教徒加分。成績好的白人和亞洲人無法入讀著名大學，成績差的回教徒和黑人可以入學。耶魯大學和哈佛大學被指控收取白人學生和亞洲學生的時候要求成績高過黑人和有色人種學生。執筆時，耶魯大學的訴訟進行中。哈佛敗訴及正在上訴。白人和亞洲人學生除了入學要求高於黑人，即使拿助學金也是黑人先拿。拿不到助學金就沒機會讀大學。2024 年 5 月，3 名白人學生控告奧克拉荷馬大學不給她們助學金，因為她們是白人。學校職員說，如果她們是黑人就可以拿到更多助學金。

除了優待黑人之外，美國大學的管理極為政治化。前文説到哈佛大學黑人女校長支持巴人，即使巴人在大學內扮成哈馬斯恐怖份子，揮舞哈馬斯旗，高呼殺盡以色列人也不視為行為不當，要看「前文後理」。校園內毆打猶太人教授和學生竟然說是「為巴人出一口氣」。

當勞侵説要將那些支持恐怖組織的學生和教職員驅逐離開校園。對於那些拿簽證到美國求學的支持恐怖主義份子，即時遣返原居地，一個不留。我支持這樣做。哈馬斯是美國政府認定的恐怖組織，他們屠殺千多名以色列平民，連嬰兒也不放過。校園內左膠橫行，主要原因是左膠政策縱容。更加直接地說，政府付錢支持左膠，讓左膠擔任校長和教職員接收左膠學生，將校園左膠化，政治化。

當勞侵當選之後，左膠只會被打壓，從政府那裡拿不到撥款，校園左膠立即消聲匿跡，相當現實。有些左膠轉到校園外。2024 年的紐約梅西百貨公司感恩節大遊行，有些支持巴人示威者堵路被警察抓走。總統和國會支持以色列，很難想像會有反以色列支持巴人的法律和行政指令，更加難以想像會有活躍左膠留在校園。

美國教育問題的關鍵在於中小學，不是大學。大學的問題是學費太貴，太政治化。中小學的問題相當嚴重。請想一想，中學裡面，一半學生是不識英文的新移民，老師如何教學？

我不相信當勞侵可以搞好美國中小學教育。這個爛攤子確實無法收拾。大量遣返非法移民之後，有些地區的中小學會面目一新，教育成績急升。

完